DIE KLASSISCHEN AMERIKANER

DIE KLASSISCHEN AMERIKANER

RICHARD NICHOLS
PAUL BADRE

Motor
buch
Verlag

Die Originalausgabe ist unter dem Titel CLASSIC AMERICAN CARS erschienen.
Die Übertragung ins Deutsche besorgte Renate DARIC.

ISBN: 3-613-01209-X

1. Auflage 1987.

Satz: Vaihinger Satz+Druck GmbH, 7143 Vaihingen/Enz.

Seite 1: Der prestigereichste und begehrteste Oldtimer der amerikanischen Automobilindustrie, der Duesenberg SJ.
Seiten 2–3: Dieses Cabriolet Thunderbird Baujahr 1955 war die Antwort Fords auf das Erscheinen der Chevrolet Corvette.
Seiten 4–5: Ein Ford Modell »T« aus dem Jahr 1924. Es ist eines der Millionen Exemplare, das dank revolutionärer Fabrikationsmethoden »Amerika auf die Räder verholfen hat«.

INHALTSVERZEICHNIS

FORD T

Rechte Seite oben: Der Ford »T« in seiner Originalversion aus dem Jahr 1909.

Rechts unten: Der zweisitzige »Runabout« Baujahr 1910. Die Farbe seiner Karosserie nannte sich »Brewster«-Grün, nach dem Namen des berühmten Karosseriebauers.

Unten: Der »Tourer« aus dem Jahr 1912, in dem ein Verkaufsrekord von 170 000 Exemplaren erzielt wurde.

Erst vor kurzem hat der Ford T den Titel des meistgebauten Modells der Automobilgeschichte verloren. Erstaunlich ist dabei, daß er ihn trotz der regelmäßigen Weiterentwicklung der Produktionsmethoden und eines sich ständig erweiternden Käuferkreises überhaupt so lange verteidigen konnte. Dabei verdankte er seine Entstehung keinen von Computern assistierten technischen Teams, sondern im wesentlichen einem einzigen Mann, Henry Ford. Mit dem Ford T wurden einige grundlegende technische Neuerungen, die heute weltweit Gültigkeit haben, wie Linkslenkung und Fließbandarbeit, aber auch soziale Neuerungen eingeführt, zu denen der Achtstundentag und ein garantierter Mindestlohn gehören.

Wie alle starken Persönlichkeiten hatte Henry Ford auch seine Schwächen. Er nahm kein Blatt vor den Mund, und einige seiner treffenden Formulierungen sind berühmt geworden. So behauptete er, daß seine Automobilleidenschaft mit seinem ersten Sturz vom Pferd begonnen habe. Seinen Kunden sagte er, sie könnten die Farbe ihres Autos nach Belieben wählen, vorausgesetzt, sie entschieden sich für schwarz – was nicht nur scherzhaft gemeint war! Der Ausspruch »Geschichte gibt es nicht« soll ebenfalls von ihm stammen, womit er wohl meinte, daß nichts vorherbestimmt ist und jeder seine Zukunft selbst in der Hand hat. Ganz Henry Ford...

1896 baute Ford in seinem Haus in Dearborn sein erstes Automobil. Drei Jahre später wurde er Direktor der »Detroit Automobile

Company«, von der er sich aber wegen einer Meinungsverschiedenheit mit seinem Teilhaber Henry Leland, bei der die unterschiedlichen Persönlichkeiten und Zielvorstellungen beider Männer klar zutage traten, bald wieder trennte. Ford war der Überzeugung, daß der Weg zum Erfolg in der Fabrikation einer größtmöglichen Anzahl von Automobilen und ihrem Verkauf zu Niedrigpreisen bestand. Leland dagegen wollte Automobile von Spitzenqualität in Kleinserien bauen. So ging jeder seine Wege und verwirklichte alleine seinen Traum.

Auch der zweite Gründungsversuch Fords, die »Henry Ford Company«, scheiterte im Jahr 1903, und erst das dritte Experiment, das am Ende des gleichen Jahres unter dem noch heute gültigen Firmennamen »Ford Motor Company« anlief, brachte den erhofften Erfolg. Die ersten Modelle A, B und C verkauften sich gut und das Modell N mit einer Absatzquote von 10000 Exemplaren noch besser. Das ermöglichte Henry Ford, sein großes Projekt zu verwirklichen: Die Entwicklung eines leichten Automobils mit einem 20 PS-Vierzylinder-Motor, in dem 5 Personen bequem Platz fanden und das in großer Serie zu einem möglichst niedrigen, für die Mehrzahl erschwinglichen Preis hergestellt werden sollte. Ziel war, jedem Amerikaner zu einem Auto zu verhelfen, das nach Möglichkeit ein Ford sein sollte.

Im Jahr 1908 verwirklichte Henry Ford seinen Traum mit dem Modell »T«, das gleich bei seiner Vorstellung auf dem Salon in London großen Erfolg erzielte: Noch während der Ausstellung wurden 250 Exemplare zum Preis von je 850 Dollar mit fünfsitziger Tourenwagen-Karosserie verkauft, die mit ihrem 20 PS-Vierzylinder eine Höchstgeschwindigkeit von 65 km/h erreichten. Ein Zweisitzer erschien unter dem Namen »Runabout«. Tourer und Runabout wurden mit roter bzw. grauer Lackierung angeboten, aber bald darauf vervollständigte das »Brewster«-Grün, auf Wunsch mit schwarzen oder dunkelblauen Kotflügeln, die Farbpalette.

Die Serienproduktion des Typ T lief am 1. Oktober 1908 im Ford-Werk in der Piquette Avenue Nummer 254 in Detroit an. Fünf Jahre zuvor war der Verkaufspreis die Ursache des Streits gewesen, der zur Trennung von Ford und Leland geführt hatte. Mit dem Modell T fand Ford seine Theorie bestätigt, nach der auch eine geringfügige

Gewinnspanne höchst einträglich sein kann, weil sie einen niedrigen Verkaufspreis – als werbewirksamstes Argument – möglich macht. Ford war sicher, daß ein kleiner Gewinn pro Exemplar mit großen Stückzahlen multipliziert am Ende mehr einbringt, als ein großer Verdienst pro Exemplar bei einer Kleinserienproduktion. Die Ereignisse sollten Ford recht geben.

Für jene Zeit durchaus nicht üblich, wurden die Autos ohne Scheinwerfer – nur die Halterungen waren vorhanden – und ohne Windschutzscheibe und Verdeck verkauft. Die Spriegel, nicht aber der Stoff, waren im Preis enthalten.

Schon im ersten Produktionsjahr fanden 17000 Exemplare des neuen Ford T Abnehmer, und damit schien die Zukunft der Ford Motor Company gesichert. Vier Jahre später war die Produktion der »Tin Lizzie« auf das Zehnfache angestiegen und erreichte somit die

Oben: Ein Runabout von 1913. Scheinwerfer, Windschutzscheibe und Verdeck gehörten nicht zur Serienausstattung.

Links: Ein Tourenwagen Baujahr 1915. Die Windschutzscheiben-Einfassung war von diesem Zeitpunkt an aus Stahl, nicht mehr aus Messing.

Rechte Seite: Dieser Runabout von 1913 beweist, daß nicht alle Ford T der damaligen Epoche schwarz lackiert waren.

Ford

für damalige Verhältnisse unglaubliche Ziffer von 170000 Einheiten, ein Resultat, das die Firma ein halbes Jahrhundert später für Modelle wie Galaxie, Fairlane oder Falcon als äußerst zufriedenstellend bezeichnet hätte.

Die Zeit verging und mit ihr erhöhte sich der Produktionsrhythmus. Die Resultate übertrafen wahrscheinlich sogar die Erwartungen des Firmengründers. Der Verkaufspreis verringerte sich proportional zum Produktionsanstieg und führte dem Typ T weitere Kunden zu, was eine erneute Preissenkung möglich machte. 1916 kostete ein Ford T nur noch 360 Dollar. Aber die Preise fielen weiter, bis man im Jahr 1923 bei einem Vertragshändler einen neuen, obligatorisch schwarzen Ford T für 260 Dollar erstehen konnte, d.h. für 590 Dollar weniger als 15 Jahre zuvor. Im gleichen Jahr erreichte die Jahresproduktion den absoluten Rekord von zwei Millionen Exemplaren. Der Ford T hatte der Automobilindustrie der Zukunft den Weg gewiesen, allerdings mehr im Hinblick auf die Herstellungsmethoden als auf eine überragende Konzeption. Freilich wies sein 2,9 Liter-Vierzylinder einige Neuerungen auf, etwa den einteiligen Motorblock mit abnehmbarem Zylinderkopf, oder »geborgte« Ideen wie den Lanchester-Schwungradmagneten. Für den Fahrer war das Auto wegen seiner Besonderheiten so gewöhnungsbedürftig, daß einige amerikanische Staaten für den Ford T sogar einen eigenen Führerschein erteilten.

So erfolgte der Gangwechsel ohne Schalthebel, denn zwei Pedale sorgten für die Schaltvorgänge im Planetengetriebe. Treten des linken Pedals betätigte den ersten, Loslassen den direkten Gang, und der Leerlauf lag auf halbem Pedalweg. Mit dem mittleren Pedal wurde der Rückwärtsgang eingelegt, während das rechte Pedal auf die Getriebebremse wirkte und mit der Drosselklappe kombiniert war. Der Hebel für die Zündverstellung war auf der Lenksäule angebracht. Ein Handhebel neben dem Fahrer wirkte auf die Parkbremse und kuppelte gleichzeitig aus. Seine noch ungewöhnliche Linkslenkung wurde später zur Norm in den USA.

Die einfache Bauweise des Ford T und seine bald weithin bekannte Widerstandsfähigkeit wurden den überwiegend schlechten Straßenverhältnissen des damals noch sehr ländlichen amerikanischen Kontinents durchaus gerecht. Seine Bodenfreiheit von 25 cm und seine großen 30 Zoll-Räder glichen die Schwächen der primitiven, ungedämpften Querblattfederung wieder aus.

Die ersten, bis 1911 gebauten Modelle besaßen Holzkarosserien, deren Verbindungsstellen mit halbrunden Leisten verziert waren. Dann kam mit der Notwendigkeit der Produktionskostensenkung dem Metall als Konstruktionsmaterial eine immer größere Rolle zu. Gleichzeitig verschwand das Messing mehr und mehr und wurde für die Windschutz- und Scheinwerfereinfassungen, ab 1916 auch für die Kühlerzarge, durch schwarzlackiertes Stahlblech ersetzt.

Der Ford T hatte neben einer industriellen auch eine soziale Revolution ausgelöst. Gemeinden, die bisher durch zwei Tagereisen zu Pferd voneinander getrennt waren, wurden enger und enger miteinander und mit den nächstliegenden Städten verbunden.

Mit einem robusten, praktischen Vielzweck-Transportmittel für alle Amerikaner hatte Ford den USA den Weg in das 20. Jahrhundert gewiesen. Das Ende der »Tin Lizzy« im Jahr 1928, nach einer Gesamtproduktion von 15 Millionen Exemplaren, bedeutete für Amerika auch das Ende der ruhmreichen Pionierzeit.

Linke Seite: Im Jahr 1921 war der Ford »T« billiger denn je. Er besaß fast keine Messingteile mehr.

Oben: Ein Tourer des Baujahrs 1925 mit 224 PS-Vierzylinder. Der Alpaka-Kühlergrill war gegen Aufpreis erhältlich.

Rechts: 1927 hatte sich die »Tin Lizzie« in ein Statussymbol verwandelt. Die Produktion wurde ein Jahr später eingestellt.

STUTZ BEARCAT

Harry C. Stutz baute im Jahr 1897 sein erstes Automobil. 1905 entwarf er ein ungewöhnliches, »American Underslung« genanntes Modell, bei dem sich der Boden, wie beim französischen »Stabilia«, unterhalb der Achsen befand, eine Bauweise, die zur Verbesserung der Richtungsstabilität beitragen sollte. Dieses Bemühen um ein besseres Fahrverhalten, das vor allem durch ein niedriger gelegtes Fahrwerk erreicht wurde, war bei allen Stutz-Modellen spürbar.

Stutz hatte eigentlich seine Firma gegründet, um Ersatzteile herzustellen, wollte aber im Jahr 1911 die Widerstandsfähigkeit einer Hinterachse seiner Konzeption demonstrieren und baute daher ein ganzes Auto um diese Hinterachse herum. Sein Versuchsmodell wurde 1911 im ersten 500 Meilen-Rennen in Indianapolis eingesetzt, wo es planmäßig das Rennen absolvierte und den 11. Platz belegte, vor allem dank seiner Hinterachse und einer Reihe von Bauteilen anderer Hersteller.

Anfangs stellte Stutz in seiner Fabrik nur wenige Bauelemente selbst her und ließ sich den Rest von anderen Firmen liefern – eine damals bei den großen und sogar allergrößten amerikanischen Fabrikanten allgemein übliche Methode, wie Ford beweist, der seine Motoren von den Gebrüdern Dodge herstellen ließ, oder wie Leland, der zu Beginn seiner Laufbahn Motoren für Dritte gebaut hatte. Die seitengesteuerten Motoren der ersten Stutz-Modelle stammten von der Firma Wisconsin, um ab 1913 von eigenen Vier- oder Sechszylindern abgelöst zu werden. Gleichzeitig verstärkte sich der sportliche Charakter der Stutz-Automobile. 1913 belegte ein Stutz den dritten Platz in Indianapolis – ein Resultat, das wirksamer war als alle Werbekampagnen.

Damit war alles für das Erscheinen des berühmtesten Modells der Marke, des »Bearcat«, vorbereitet. Sein Vierzylinder-Motor mit einem Zylinderkopf in T-Form und einem Hubraum von 6,5 Litern entwickelte 60 PS bei 1500/min. Ein so großer Vierzylinder war angesichts der damaligen Kolbenflächen-Theorie nichts Außergewöhnliches. Sein Leistungsniveau machte den Bearcat, ein Modell mit Kurzchassis und nur einer Andeutung von Karosserie, zu einem attraktiven, sportlichen Fahrzeug. Seiner Konzeption nach war es ein direkter Rivale des Mercer »Raceabout«, eine Tatsache, der sich die Eigentümer der beiden Modelle deutlich bewußt waren, und die zu einer jahrelang anhaltenden Rivalität beider Marken führte.

Im Grunde war es nicht leicht, eine Rangordnung zwischen beiden Modellen aufzustellen. Mit seinem größeren Hubraum war der Stutz der leistungsstärkere und schnellere der beiden, zeigte sich aber im Fahrbetrieb weniger wendig und hatte insgesamt weniger Klasse als der Mercer. Mangels ausschlaggebender Argumente bekämpften sich die Anhänger beider Marken – die meisten waren Studenten – an Hand provozierender Kurzverse. »You have to be nuts to drive a Stutz« – man müßte verrückt sein, um einen Stutz zu fahren – ironisierten die Mercer-Eigner, worauf die Stutz-Anhänger erwiderten, »there never was a worser than a Mercer« – einen schlechteren als den Mercer gibt es nicht.

Dank seiner besseren Fahrleistungen hatte der Stutz jedoch mehr Erfolg im Renneinsatz als der Mercer. 1915 tauchte im Gefolge der Stutz-Modelle das »weiße Geschwader« auf, der Rennstall der Marke, der seinen Namen seinen in makellos weiße Arbeitsanzüge gekleideten Technikern verdankte. Im gleichen Jahr holten sich die Stutz den dritten, vierten und siebten Platz in Indianapolis, ein noch besseres Ergebnis als im letzten Jahr, das durch Siege in größeren Rennen von lokaler Bedeutung noch weiter erhärtet wurde.

Oben: Ein Bearcat von 1916 mit einem an der Lenksäule montierten »Monokel«-Windschutz.

Rechts: Cockpit eines Roadster Baujahr 1914.

Links: Ein Roadster aus dem gleichen Jahr – für echte Sportfreunde!

Nächste Doppelseite: Ein Stutz Typ SV 16 aus dem Jahr 1929 mit einer Karosserie von Hibbard & Darrin.

Links und unten: Ein Bearcat Baujahr 1920 mit einer richtigen Windschutzscheibe und einer Andeutung von Verdeck.

Rechts: Ein eindrucksvoller Typ DV 22, der 1933, zwei Jahre vor dem Ende der Marke, herausgebracht wurde.

1916 brachte ein neugewonnener Kunde seinem Händler einen gerade gekauften Bearcat mit der Begründung zurück, daß er regelmäßig von Mercer-Automobilen überholt würde. Zu diesem Zeitpunkt hatte die Stutz-Mercer-Fehde ihren Höhepunkt erreicht, und der Zwischenfall wirbelte beträchtlichen Staub auf. Dabei kam Harry Stutz eine geniale Idee, wie er diese »Affäre« in eine erfolgreiche Werbeaktion verwandeln könnte. Er engagierte einen Rennfahrer, der mit der sogenannten »lahmen Ente« ganz Amerika von Osten nach Westen durchqueren und dabei den mit einem Motorrad aufgestellten Rekord brechen sollte. Es war ein gewagtes Vorhaben, denn damals gab es in Amerika nur wenige Straßen, die diesen Namen wirklich verdienten. Das Ereignis wurde mit einem großen Aufwand an Reklame orchestriert und machte den Stutz und seinen unter dem Spitznamen »Cannonball« berühmt gewordenen Piloten namens Baker zu bekannten Größen der Automobilgeschichte. Cannonball brauchte 11 Tage, 7 Stunden und 30 Minuten, um den Kontinent in seiner ganzen Breite zu durchqueren, wobei der Stutz beim Erreichen der Westküste als einzigen Schaden eine gebrochene Stoßdämpferverankerung zu beklagen hatte.

1919 verließ Harry Stutz die Firma gleichen Namens und begann, unter der Bezeichnung H.C.S. Autos zu bauen, die jedoch wenig Erfolg brachten. Nach einer kurzen Übergangsperiode unter der Leitung von Charles Schwab übernahm Frédéric Moscovics die Firmengeschicke, ein Ingenieur, der der Marke eine der ursprünglichen Firmenpolitik entgegengesetzte Orientierung gab. Moscovics definierte sein Ziel mit den Worten: »Sicherheit, Eleganz, Komfort«.

Das erste unter seiner Leitung gebaute Exemplar war ein viersitziger Tourenwagen mit dem Namen »Safety Stutz«. Er besaß einen Achtzylinder-Reihenmotor mit einem Hubraum von 4,7 l und einer obenliegenden Nockenwelle mit Kettenantrieb. Die Leistung wurde mit 92 PS bei 3200/min angegeben. Der »Safety« besaß einen besonders tiefliegenden Rahmen (»double dropped«) und eine frühe Version einer hydraulisch betätigten Bremse.

Eine Sportvariante mit dem Namen Black Hawk knüpfte mit der ursprünglichen sportlichen Firmentradition wieder an. 1928 rückte der neue Stutz mit einem zweiten Platz in den 24 Stunden von Le Mans, nachdem er den Bentley schwer zu schaffen gemacht hatte, in den Blickpunkt der Öffentlichkeit. Ohne den 90 Minuten vor Ende des Rennens aufgetretenen Getriebeschaden wäre dem einzigen Repräsentanten der Marke der Sieg sicher gewesen – so begnügte sich der Stutz mit Platz zwei vor den beiden anderen 4,5 Liter Bentleys. Kein anderes amerikanisches Modell war seit jener Zeit in dem berühmten Rennen wieder so erfolgreich, bis 38 Jahre später die Ford GT 40 ihre Offensive antraten.

Im gleichen Jahr 1928 mußte die Marke nacheinander zwei schwere Rückschläge einstecken: Zuerst die Niederlage beim legendären »Match« Stutz-Hispano in Indianapolis, das mit einem klaren Sieg des französischen Rivalen endete. Dann verunglückte Frank Lockhart tödlich während eines Versuchs, den Welt-

Geschwindigkeitsrekord zu brechen. Sein Auto war keins der gewöhnlichen Stutz-Modelle gewesen, sondern hatte nur als Gegenleistung für die von der Firma gewährte Finanzhilfe den Namen »Stutz Black Hawk« erhalten.

Zwischen diesen beiden Katastrophen lagen nur ein paar Tage und die Presse brachte die beiden Ereignisse oft im gleichen Nachrichtenteil, was den negativen Eindruck noch verstärkte.

1929 führte Stutz den »Blackhawk« vor, ein wirtschaftliches Modell mit ganz anderen Eigenschaften als sein sportlicher »Black Hawk«-Vorgänger. Der Hispano-Suiza-Sieg in Indianapolis hatte den Leistungsmangel des Reihen-Achtzylinders deutlich gemacht, was die Firma zum Einbau eines Kompressors veranlaßte. So ausgestattet startete der Black Hawk 1929 in Le Mans, kam aber nur auf den fünften Platz – im Vergleich zum Vorjahr eher ein Rückschritt als ein Fortschritt.

Stutz packte das Problem deshalb von einer anderen Seite an und entwickelte einen neuen Zylinderkopf mit zwei obenliegenden Nockenwellen und vier Ventilen pro Zylinder. Dieser neue Motor mit der Typenbezeichnung DV 32 wurde 1931 erstmals eingesetzt. Es standen mehrere Karosserien zur Verfügung, von denen die sportlichste wie in der guten alten Zeit »Bearcat« hieß – ein gewisser Mangel an Phantasie bei der Namensgebung kann nicht geleugnet werden. Stutz kündigte sogar einen »Super-Bearcat« mit einem verkürzten und erleichterten Rahmen an. Der Ein-Nockenwellen-Motor blieb unter der Bezeichnung SV 16 weiter in Produktion. Leider konnten auch diese letzten Maßnahmen die Firma nicht mehr retten, die – wie so viele andere in dieser Epoche – ein Opfer der Wirtschaftskrise wurde. Im Jahr 1935 wurde die Automobilproduktion gänzlich eingestellt.

30 Jahre später gab es einen seltsamen Epilog zur Geschichte der Stutz-Automobile: 1969 erschien erstmals wieder ein Modell unter dem Namen »Stutz Black Hawk« auf dem Markt. Es war keine schlichte Kopie der Vorkriegsmodelle, sondern eine von Virgil Exner, dem ehemaligen Chrysler-Stylisten, eigens für ein Grand-Prix-Chassis von Pontiac entworfene Karosserie. Exner hatte versucht, die wesentlichen Merkmale der Prestige-Autos der 30er Jahre, den kantigen Kühlergrill, langgeschwungene angesetzte Kotflügel und den außenliegenden Auspuff mit modernen Stilelementen zu einem attraktiven Ganzen zu verbinden. Ohne ganz überzeugen zu können, wirkt der moderne Black Hawk, der von der Carozzeria Padana in Modena hergestellt wird, ungemein faszinierend auf den Beschauer. Je nach Karosserietyp und Ausstattung kostet er heute zwischen 22500 und 100000 Dollar – manchmal sogar noch mehr...

1929
STUTZ

MERCER RACEABOUT

Unten: Ein Mercer »Raceabout« von 1912 mit seiner auffallend niedrigen Bauhöhe.

Unten links: Die 35 C-Variante des Raceabout aus dem gleichen Jahr. Die ganze Karosserie besteht aus vier Kotflügeln, einer Motorhaube und einem »Monokel«-Windschutz.

Streitigkeiten dauern nie lange, wenn feststeht, wer im Unrecht ist. Wenn jeder meint, recht zu haben, kommt eine Einigung wahrscheinlich nie zustande, wie die Rivalität Stutz-Mercer beweist. Noch heute verteidigen die Fanatiker beider Marken ihren Standpunkt mit der gleichen Passion wie vor 70 Jahren. Grund dafür ist die Tatsache, daß beide Marken einander recht ebenbürtig sind.

Wahrscheinlich ist die Straßenlage des Mercer dank seines tiefliegenden Rahmens besser als die seines Rivalen. Man braucht nur hinter dem Lenkrad Platz zu nehmen, um sich eins mit dem Fahrzeug zu fühlen. Beim Stutz, an den man sich erst gewöhnen muß, ist dieser Eindruck weniger deutlich. Die klare Linienführung des Mercer liegt neben seiner niedrigen Bauhöhe vor allem an seiner Leichtbauweise, obwohl der dünne Rahmen steif genug war, um dem Modell ein für die damalige Zeit überdurchschnittlich gutes Fahrverhalten und große Wendigkeit zu verleihen.

Die Mercer wurden in Trenton/New Jersey, im Bezirk Mercer, gebaut, der dem Modell seinen Namen gegeben hat. Die Firmengeschicke lagen in den Händen der Familien Roebling und Kuser, die beide Geld genug besaßen, um einen echten Sportwagen zu bauen, etwas ganz Neues für die damalige Zeit. Ihr erstes Modell, ein Speedster mit der Typenbezeichnung 30-C, entstand 1909. Wie die meisten Modelle damals (mit Ausnahme der Fabrikate einiger großer Konstrukteure) war es ein »zusammengebautes« Auto, d.h. daß die Einzelteile von Zulieferfirmen stammten. So besaß der erste Mercer einen Vierzylinder-Motor der Firma Beaver, dessen ursprüngliche Leistung von 50 PS bald auf 70 PS erhöht wurde. Mit diesem Triebwerk legte der Mercer die Meile in 48 Sekunden zurück – aber das Beste sollte noch kommen!

Im Jahr 1911 wurde der Typ 35 »Raceabout« vorgeführt, der den Ruf der Firma begründete. Finlay Robertson Porter hatte das Modell entwickelt, das mit einem 4,92 Liter großen Vierzylinder ausgestattet war, der einen T-förmigen Zylinderkopf besaß. Brown und Lipe stellten das Drei- und später Vierganggetriebe her. Der Mercer Raceabout war eines der wenigen Modelle, das (wie der Bugatti 35 B oder der AC Cobra) »renntauglich«, d.h. zum unmittelbaren Renneinsatz brauchbar, geliefert wurde. Das Werk gab an, daß das Auto nur 51 Sekunden für die Meile benötige, aber es wurde bald entdeckt, daß bei systematischer Gewichtsreduzierung aller beweglichen Teile des Motors noch weit bessere Zeiten erzielt werden konnten. Das schwere Schwungrad konnte im Gewicht stark reduziert werden, und die Kolben wurden ebenfalls erleichtert. Die ursprünglichen Fahrleistungen hatten sich durch diese beiden Maßnahmen meist schon deutlich verbessert. Später wurde der serienmäßige Motor durch ein 7,37 l-Triebwerk ersetzt, das auch Stutz-Modelle antrieb und bedeutend leistungsfähiger war.

Bei der Karosserie des Mercer Raceabout hatte man sich auf das Wesentliche beschränkt. Während die Käufer eines anderen Autotyps zuerst einmal ans Abbauen gehen mußten, wenn sie ihr neuerworbenes Fahrzeug renntauglich machen wollten, konnten Mercer-Eigner auf diese lästige Prozedur verzichten. Ein serienmäßiger Mercer, so wie er das Werk verließ, besaß nur eine Andeutung von Karosserie, die sich auf die wesentlichen Bauteile wie Haube, Spritzwand und Kotflügel beschränkte. Der Pilot war ungeschützt den Elementen ausgesetzt, wenn man von dem an der Lenksäule angebrachten, symbolischen »Monokel«-Windschutz absah. Mit den direkt im Blickfeld liegenden Vorderrädern war es keine Kunst, das Auto mit Präzision zu dirigieren. Natürlich war der Raceabout bei dieser Konzeption nicht für Langstreckenrennen bestimmt, denn bei Höchstgeschwindigkeit konnte der Fahrtwind kaum länger als einige Minuten lang ertragen werden.

Da der Rennbetrieb das natürliche Element der Raceabout war, häuften sich gleich nach seinem Erscheinen die Siege. 1912 siegte Spencer Wishart in den 200 Meilen von Columbus/Ohio mit einem unverändert serienmäßigen Raceabout, und brach bei gleicher Gelegenheit alle bislang gültigen Zwischenstreckenrekorde. Berühmte Piloten oder solche, die es werden wollten, wie Barney Oldfield, Eddie Pullen oder Ralph de Palma verbanden ihre Namen mit dem des Raceabout und trugen zum Ruhm der Marke bei. De Palma siegte 1912 in einem 150 Meilen-Rennen mit einer Durchschnittsgeschwindigkeit von 112 km/h. 1914 wurde Eddie Pullen Erster bei einem Wettbewerb über 500 km, er erreichte dabei 140 km/h.

Rechts und unten: Die beiden »L-Head«-Versionen des Raceabout aus den Jahren 1921 (oben rechts) und 1922 (unten) machen mehr Zugeständnisse an den Komfort als die vor 1914 gebauten Mercer. Sie besitzen eine echte Windschutzscheibe, Türen und sogar einen elektrischen Anlasser.

Diese von Berufsfahrern vollbrachten Leistungen bedeuteten nicht, daß der Mercer ein problemlos zu fahrendes Auto war. Das Gaspedal befand sich rechts außen über dem Trittbrett. Die Fußbremse wirkte als Getriebebremse und war für ihre Untauglichkeit berüchtigt. Wenn man mehr als nur leicht verlangsamen wollte, mußte man mit einem kräftigen Ruck zusätzlich die Handbremse anziehen.

1915 erschien eine neue Version des Raceabout, die offiziell Typ 22-70 genannt wurde, wegen ihres L-förmigen Zylinderkopfs aber allgemein »L-Head« hieß. Die äußere Erscheinung des 22-70 hatte sich grundlegend geändert; seine Karosserie schien im Vergleich zu der seines Vorgängers von fast dekadentem Luxus, denn sie besaß nicht nur Türen, sondern bald auch eine reguläre Windschutzscheibe. Diese Zugeständnisse an den Komfort wurden von einem elektrischen Anlasser ergänzt. Die Lenkung befand sich nunmehr auf der linken Seite und der Schalthebel in der Mitte des Fahrzeugs. Die Identität des Modells wie auch die der Marke veränderten sich im Laufe der folgenden Jahre noch grundlegender. Nach dem Ausscheiden des Entwicklungsleiters Porter und dem Tod des letzten Nachkommen der Familie Roebling wurde das Unternehmen von einer Gruppe von Spekulanten gekauft, die Emlen Hare an die Spitze der Firma setzten. Damit nahm eine Produktion banaler Sechszylinder-Tourenwagen ihren Anfang und es dauerte nicht lange, bis sich die Firma in Schwierigkeiten befand. 1930 wurde ein Sanierungsversuch unternommen, aber der Moment war schlecht gewählt und die Firma Mercer verschwand endgültig von der Bildfläche. Fast hätte die Modelle der Marke das gleiche Los ereilt, denn von den insgesamt 5000 Exemplaren haben bis heute kaum 100 Mercer überlebt.

PACKARD

PACKARD
VEHICLE
HMV
62
DISTRICT OF COLUMBIA
ASK THE MAN WHO OWNS ONE

Ein Modell aus der Glanzzeit der Marke: Ein Roadster Typ 633 von 1929.

Im Medaillon: Die Kühlerfigur eines von Dietrich eingekleideten Packard-V12 Baujahr 1933.

Wenn man der Geschichte glauben darf, verdankte der erste Packard sein Entstehen einer Herausforderung. James Packard hatte im Jahr 1898 ein Automobil der Marke Winton gekauft, mit dem er nicht zufrieden war. Auf seine Beschwerde wurde ihm vom Hersteller geantwortet, daß er ja selbst ein Auto bauen könnte, wenn er ein besseres wollte... vorausgesetzt natürlich, daß er dazu fähig sei. Genau das tat James Packard, und sein Auto war ohne jeden Zweifel besser als der Winton. So entstand die Marke Packard, die später zu den prestigereichsten Automobilfirmen Amerikas zählen sollte.

Gleich die ersten Packard mit Einzylindermotor erwarben sich den Ruf widerstandsfähiger Qualitätsfahrzeuge. Im Jahr 1903 durchquerte Tom Fetch den amerikanischen Kontinent in 61 Tagen von Osten nach Westen an Bord eines erleichterten 12 PS-Packard Typ F, der in Erinnerung an das Ereignis »Old Pacific« genannt wurde. Der Packard hatte zwei ganze Tage weniger gebraucht als der Winton, der als erster diese Fahrt unternommen hatte.

1904 stellte Packard seine ersten Modelle mit Vierzylindermoto-

ren vor. Im gleichen Jahr erzielte ein »Gray Wolf« genannter Pakkard-K-Rennwagen eine Reihe von Erfolgen, zu denen einige Rekorde in Daytona zählten, sowie ein vierter Platz beim ersten Rennen um den Vanderbilt-Pokal. Diese Erfolge ermutigten Pakkard zur Fabrikation sportlicher Modelle, die er im Bestreben, Renommée und Achtbarkeit zu bewahren, »Gentleman's Roadster« nannte, denn schon zu diesem Zeitpunkt gehörten die meisten seiner Kunden den höchsten Gesellschaftskreisen an. Diese Tendenz, Autos für eine Elite zu bauen, trat mit der Zeit immer deutlicher zutage.

1915 führte Packard den originellen »Twin Six« vor, der – wie sein Name sagt – einen V12-Motor besaß. Dieses mit größter Sorgfalt entwickelte Fahrzeug von einwandfreier Konzeption (vielleicht mit Ausnahme der Bremsen) gab der Firma die Möglichkeit, mit dem Pierce-Arrow als größtem Rivalen auf dem Sektor der Luxusautomobile zu konkurrieren. Anfang der 20er Jahre lag Packard als *die* elegante Marke weit vor Cadillac und Lincoln.

1928 überstieg die Jahresproduktion 50000 Exemplare, ein beachtliches Resultat für ein Automobil dieser Kategorie. Trotz dieser euphorischen Konjunkturperiode sah man bei Packard die kommende Wirtschaftskrise von 1929 voraus. Im Gegensatz zu Cadillac oder Lincoln, die beide auf die tatkräftige Unterstützung durch Ford oder GM zählen konnten, war Packard in dieser Zeit alleine auf sich gestellt. Die Firmenleitung reagierte auf intelligente Weise, indem sie wirtschaftlichere Modelle entwickelte, die auch für weniger begünstigte Käuferkreise erschwinglich waren. So entstand 1935 der Typ 120 mit einem Achtzylindermotor, den die elegante Packard-Kundschaft vielleicht abschätzend beurteilte, der aber auf einem breiteren Marktsektor sofort Beifall fand.

1937 brachte Packard ein noch preisgünstigeres Modell heraus, den Typ 110 mit Sechszylinder-Motor. Mit ihm stieg die Produktion auf spektakuläre Weise an und erreichte 1937 schließlich 100000 Exemplare, verglichen mit den 6000 Einheiten des Jahres 1934.

Gleichzeitig lieferte Packard seiner Elite-Kundschaft weiter eine V12-Modellreihe, die 1932 entstanden war und – vom Karossier Dietrich elegant eingekleidet – ein Jahrzehnt lang den Firmenkatalog bereicherte.

Auch die Tradition der sportlicheren »Gentleman's Roadster«, die 1929/30 im Speedster 734 ihren vollkommensten Ausdruck gefunden hatte, wurde aufrechterhalten. Allerdings steht außer Zweifel, daß Packard sein Überleben während dieser schwierigen Periode seinen Mittelklasse-Modellen verdankte. Vom Typ 120 des Jahres 1935 wurde ebenfalls eine Sportversion abgeleitet, wieder Gentleman's Roadster genannt, den Howard Darrin für sein Fahrwerk »Darrin Victoria« entwarf, und der zu seinen gelungensten Schöpfungen gehört.

Der Zweite Weltkrieg erwies sich für Packard wie für viele andere Unternehmen, denen ein solider finanzieller Rückhalt fehlte, als

Vorhergehende Doppelseite:
Dieses Sport-Phaeton mit einem Chassis Typ 745, einer zusätzlichen Fond-Windschutzscheibe und einem Achtzylinder-Reihenmotor stammt aus dem Jahr 1930.

Rechts: Ein Sportcoupé von 1934 mit einem Chassis Typ 1106 und einem Zwölfzylinder. Darunter: Ein Roadster »Modell 734« von 1929.

Unten: Ein Cabriolet als Spider-Variante von 1933.

wirtschaftlich günstiges Zwischenspiel, bei dem große Militärverträge die Rolle des Rettungsankers spielten. Packard baute unter Lizenz Rolls-Royce-Flugmotoren und kam so einigermaßen ungeschoren über die Kriegsjahre hinweg. Nach dem Krieg nahm die Firma, wie ihre Rivalen Cadillac und Lincoln, die Fabrikation der Vorkriegs-Modelle wieder auf, wobei die prestigereichsten Modelle vom Produktionsprogramm gestrichen wurden. Allerdings sah die Situation nach dem Krieg bei Packard anders aus als bei vergleichbaren Konkurrenten. Als die wirtschaftliche Entwicklung vor dem Krieg Cadillac und Lincoln zur Erweiterung des Käuferkreises zwang, hatten die Dachgesellschaften Ford und GM Modelle wie »La Salle« oder »Mercury« herausgebracht. Mit dem gleichen Problem konfrontiert, war Packard gezwungen gewesen, sich ohne fremde Hilfe den Umständen anzupassen. Der Vertrieb wirtschaftlicher Modelle hatte vor dem Krieg vom Prestige der V12-Elitefahrzeuge profitiert. Nachdem diese in der Versenkung verschwunden waren, mußten sich die kleinen Packard in der Nachkriegszeit alleine behaupten. Cadillac und Lincoln mußten zwar auch den Gegebenheiten Rechnung tragen und auf Modelle zurückgreifen, die relativ große Umsatzziffern versprachen, waren aber der Unterstützung durch Ford und GM sicher. Packard stand alleine, um sich gegen die europäische Konkurrenz auf dem Sektor der Spitzenklasse-Fahrzeuge und gleichzeitig gegen die großen Hersteller serienmäßig gebauter Luxus-Automobile zu behaupten, und verlor schließlich auf beiden Fronten. Anfang der 50er Jahre hatte Packard fast seine gesamte Vorkriegs-Kundschaft eingebüßt, ohne Cadillac-Kunden hinzuzugewinnen. Die Firmenleitung entschloß sich daher zur Aufgabe der seit 1945 gewählten Politik, die darin bestand, die Produktion auf seriöse Limousinen zu beschränken. Unter dem

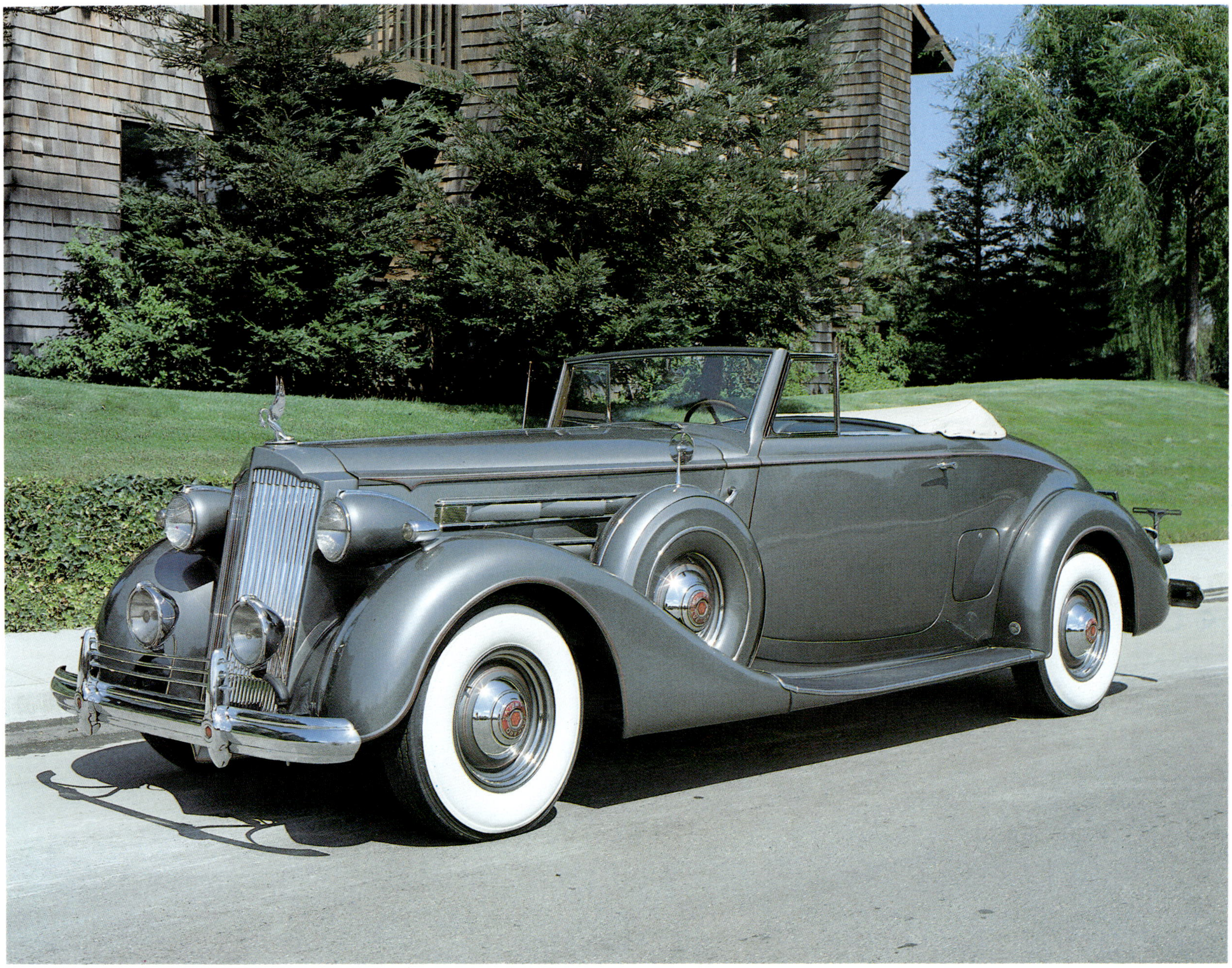

Impuls eines neuen Direktors, James Nance, versuchte die Firma ihr Markenimage zu modernisieren, indem sie zuerst einmal ihre Vergangenheit liquidierte und das gesamte Werksarchiv vernichtete, wobei Dokumente von unschätzbarem geschichtlichem Wert zerstört wurden. Gleichzeitig kam der gesamte Ersatzteilbestand der alten Modelle zum Schrott.

Nach zweijähriger Ausübung dieser Methoden fiel James Nance nichts Besseres ein, als Packard an Studebaker anzuschließen, eine Firma, die selbst tief in Schwierigkeiten steckte. Dabei hatte Packard 1955 eine der interessantesten Neuerungen seit Kriegsende eingeführt, nämlich ein »torsion-level« genanntes Radaufhängungssystem mit Drehstäben und elektrisch gesteuerter Niveauregulierung. Gleichzeitig löste ein neuer V8-Motor endlich den ehrwürdigen Achtzylinder-Reihenmotor ab. Leider besaß die Karosserie nichts mehr von der klassisch-gediegenen Eleganz, die zum Ruhm der Vorkriegs-Packard beigetragen hatte. Außerdem hatte sich das neue Aufhängungssystem noch nicht voll bewährt. Im folgenden Jahr wurden die Modelle weiter verbessert, aber diesmal war es zu spät. 1956 konnte Packard nur knapp 10000 Fahrzeuge verkaufen und verfügte nicht mehr über das nötige Kapital zur Entwicklung der nächsten Modellserie. James Nance kündigte und Packard wurde von Curtiss-Wright mit der Absicht aufgekauft, die durch Kriegsgeschäfte erzielten Gewinne steuerlich absetzen zu können.

Roy Hurley, der Beauftragte von Curtiss-Wright, unternahm trotz allem einen Versuch, die Marke zu retten. Die Packard-Produktion

wurde vom Studebaker-Werk in South Bend übernommen, und die dort entstandenen Modelle erhielten sogleich den Beinamen »Pakkardbaker«. 1957 liefen knapp 5000 Exemplare vom Band und im folgenden Jahr sank die Produktion auf 3000. Das war das Ende einer der berühmtesten Marken der amerikanischen Automobilgeschichte.

Oben links: Ein V12-Coupé Baujahr 1937 mit den ersten Anzeichen beginnender Dekadenz.

Oben rechts: Dieses »Phaeton« des Karossiers Rollston mit einem Chassis Typ 1608 aus dem Jahr 1938 war der letzte Nachkomme des »Tourers« der 20er Jahre.

Links: Ein 1953 herausgebrachtes Cabriolet »Caribbean« aus der »Modernisierungsepoche« der Marke…

Rechts: Ein repräsentativer Packard aus dem Jahr 1938 als achtsitzige Limousine.

AUBURN SPEEDSTER

Die Firma Auburn wurde 1876 von den Brüdern Eckhart in der Stadt Auburn im Staat Indiana gegründet. Bis zur Jahrhundertwende baute sie Kutschen bester Qualität und brachte im Jahr 1900 ihr erstes Automobil heraus. Dann führte dieses Kleinstadt-Unternehmen eine bescheidene aber problemlose Existenz, bis 1924, nur wenige Jahre nach dem Ersten Weltkrieg, größere Schwierigkeiten auftauchten. Auburn hatte 1923 mit einer Jahresproduktion von 5000 Exemplaren seinen eigenen Rekord gebrochen – dabei waren die meisten Fahrzeuge allerdings unverkauft geblieben, weshalb die Produktion im folgenden Jahr auf 175 Exemplare beschränkt wurde. In dieser Situation erhielt der Bankier Ralph Bard, der die Firma 1919 gekauft hatte, den Besuch eines Geschäftsmannes aus Chicago, des dreißigjährigen Errett Lobban Cord, der sein Vermögen dem Verkauf von Automobilen der Marke Moon verdankte. Nach einem Rundgang durch das Werk, dessen veraltete Anlagen seine Heiterkeit erregten, bot er Bard an, die Leitung der Firma zu übernehmen. Anstelle eines Gehalts verlangte er nur die Zusicherung, die Firma zu einem günstigen Preis kaufen zu können, falls er die erhofften Resultate erzielte. Dieser Vorschlag entsprach ganz dem Charakter eines Mannes, dessen Devise hieß: Der Erfolg allein zählt.

Bard zögerte nicht lange und machte Cord zum Präsidenten der Firma Auburn.

Die erste Amtshandlung Cords bestand darin, Restbestände loszuwerden. Das geschah, indem er den Preis der Auburn – die bisher 200 Dollar mehr kosteten als der direkte Rivale Buick – so weit herabsetzte, bis sie 200 Dollar billiger waren. Ende des Jahres 1924 hatten bereits 2226 Auburn Abnehmer gefunden, unter denen sich auch zahlreiche Vorjahresmodelle befanden. Gleichzeitig bereitete Cord eine abwechslungsreichere und attraktivere Modellreihe mit leuchtenden Farben für das Jahr 1925 vor, bei der mehr Nickel zur Anwendung kam. Der Kühlergrill erhielt eine neue Form und die Karosserie wies zum ersten Mal eine Besonderheit auf, die zum bleibenden Kennzeichen der Marke wurde: Die Flanken der Modelle wurden durch eine andersfarbige Gürtellinie unterstrichen, die sich schräg über die gesamte Länge der Motorhaube hinzog und am oberen Kühlerrand im spitzen Winkel auslief. Die Offenbarung des Jahres 1925 war jedoch ein neues Modell mit einem Achtzylinder-Motor der Firma Lycoming, eines Motorenfabrikanten, der bald darauf in das Cord-Imperium integriert wurde, zu dem bereits die Duesenberg-Automobile und die Stinton-Flugzeuge gehörten.

Mit diesem neuen Markenimage gingen die Verkaufsziffern der Firma Auburn wieder steil in die Höhe. Am Ende des Jahres 1924 konnten die Schulden bezahlt werden und Ende 1925 wurde bereits wieder mit Gewinn gearbeitet. 1926 wurde der bis dahin höchste Gewinn erzielt, und 1927 konnte Auburn nach einem Verkaufsre-

kord von 14517 Exemplaren ansehnliche Dividende an die Aktionäre ausschütten. Im gleichen Jahr setzte Cord ein neues Werk in Connersville/Indiana in Betrieb und benutzte dazu die Anlagen der Lexinton Motor Company, die er gerade zuvor zusammen mit den Firmen Limousine Body Company und Central Manufacturing Company gekauft hatte.

1928 brachte Auburn den ersten Speedster mit »Schiffsbug«-Front heraus, der das berühmteste Modell der Marke wurde. Die Karosserie war kein werkseigener Entwurf, scheint aber für das Auburn-Chassis mit Achtzylinder gebaut worden zu sein. Die niedrige, langgestreckte Motorhaube mit einem durch eine Zierleiste unterstrichenen Pfeil-Motiv hatte ihr Gegenstück in der abgeschrägten, spitz zulaufenden Heckpartie. Mit seinem winzigen Cockpit und dem meist zurückgeklappten Verdeck wirkte die Gesamterscheinung des Speedster noch eleganter und die Linienführung gestreckter als sie in Wirklichkeit war. Natürlich hatte man auch an einen Raum zur Unterbringung der Golfschläger gedacht. Die Windschutzscheibe war etwas stärker geneigt als die der Konkurrenten. Auburn versprach den Käufern des Speedster »die Geschwindigkeit eines Flugzeugs, den Luxus einer Yacht und den Komfort eines Sessels« – das alles für 1895 Dollar, während der Preis des vergleichbaren Stutz Bearcat bei 5000 Dollar lag.

Rechts: Eine Achtzylinder-Limousine aus dem Jahr 1931. Trotz der Wirtschaftskrise wurde sie ein Verkaufsschlager.

Unten links und rechts: Dieser sensationelle Speedster mit V12-Motor von 1932 kostete nur 1275 Dollar. Ein gutes Geschäft für den Käufer!

Oben rechts: Der Speedster Typ 851 mit Kompressor, Baujahr 1935. Die elegante Karosserie war dem Talent des Stilisten Gordon Buehrig zu verdanken. Links die Kühlerfigur.

Links unten: Ein Schwestermodell mit aufgezogenem Verdeck, wie es kurz vor dem Überholen im Rückspiegel der Verkehrsteilnehmer auftauchte. Das Werk garantierte eine Spitzengeschwindigkeit von 160 km/h.

Ein Speedster wurde nach Daytona geschickt, er erreichte beim Meilentest eine Spitzengeschwindigkeit von 173 km/h. Kurz darauf legte ein Schwestermodell in 24 Stunden auf dem Autodrom von Atlantic City 3250 km zurück. Zusammen mit seinem eleganten Speedster brachte Auburn eine Sechszylinder-Limousine zum konkurrenzlos niedrigen Preis von 995 Dollar heraus, die ihren Teil zum Produktionsrekord von 22000 Einheiten im Jahr 1929 beitrug. Der Wall Street-Börsenkrach ging anfangs spurlos an der Marke vorbei. Die Verkaufsziffern gingen zwar 1930 etwas zurück, dafür brachen sie im folgenden Jahr mit 28103 Einheiten erneut alle Rekorde. Cord sorgte erneut für Aufsehen: Das Basismodell der Baureihe wurde mit einem neu entwickelten V12 zum unglaublich niedrigen Preis von 975 Dollar angeboten. Wie alle Motoren des Cord-Konzerns stammte auch der V12 von Lycoming. Natürlich wurde für dieses neue Triebwerk auch eine sportliche Speedster-Karosserie entworfen, von Alexis de Sakhnoffski, einem jener Talente, die Cord mit untrüglichem Instinkt aufspürte. Dieser erst kurz zuvor nach Europa emigrierte russische Graf hatte es verstanden, den von der Kundschaft gewünschten Hollywood-Charakter mit einem in Europa bewunderten Hauch von Eleganz zu verbinden. Auburn verkaufte dieses prachtvolle Fahrzeug zum Spottpreis von 1275 Dollar. Ein Exemplar wurde zum Meilentest auf den trockengelegten See von Muroc geschickt, wo es eine Spitzengeschwindigkeit von 160 km/h erreichte. Anschließend drehte es eine Stunde lang im 147 km/h-Tempo seine Runden und beendete seine Demonstration mit einem Streckenrekord von 800 km bei einer Durchschnittsgeschwindigkeit von 140 km/h.

Alles deutete auf einen neuen Verkaufsrekord hin – was aber überraschenderweise nicht der Fall war. Ob der neue V12 Speedster diesmal vielleicht zu billig war? Geradezu verdächtig billig? Die Verkaufsrate fiel jedenfalls 1932 von 11000 Einheiten auf nur 6000 im folgenden Jahr. Das Glück schien sich gewendet zu haben. Der V12-Speedster wurde Ende 1934 vom Programm gestrichen. Auburn bereitete für 1935 eine neue Modellreihe vor, die ausschließlich vom Achtzylinder-Reihenmotor angetrieben wurde. Da man dem Publikum wenigstens eine Neuerung bieten wollte, montierte Auburn einen von Schwitzer-Cummins entwickelten Fliehkraft-Kompressor zum Achtzylinder hinzu. Dieser ästhetische Kunstgriff erhöhte die Leistung von 115 auf 150 PS und ließ neben dem Betriebsgeräusch des Achtzylinders einen höchst anregenden schrillen Pfeifton hören. Der Speedster gehörte natürlich weiter zum Bauprogramm, aber zur Entwicklung eines notwendigen neuen Modells fehlten die Mittel, weshalb Gordon Buehrig, Stilist der Cord-Unternehmensgruppe, zu Hilfe gerufen wurde.

Buehrig nahm den Entwurf Sakhnoffskis als Ausgangsbasis, modifizierte Kotflügel und Heckpartie, fügte den Kühlergrill der Modelle Baujahr 1935 hinzu und schuf, so ganz nebenbei, ein Meisterwerk. Die Kotflügel in Form eines Flugzeugrumpfs drückten die ursprüngliche Idee Sakhnoffskis auf vollendete Weise aus. Die Gesamterscheinung wirkte elegant und wohlproportioniert. Der riesige Speedster 851 hatte nur zwei Sitzplätze und keinen Kofferraum.

Um der Tradition treu zu bleiben, demonstrierte der neue Auburn 851 seine Fahrleistungen diesmal auf dem Salzsee von Bonneville. Beim Meilen-Geschwindigkeitstest erreichte er 166 km/h, beim Zeittest mit stehendem Start bewältigte er die Meile in 52 Sekunden und auf der 800 km-Strecke wurde eine Durchschnittsgeschwindigkeit von 160 km/h registriert. Jeder Speedster erhielt ein kleines Schild am Instrumentenbrett mit dem Hinweis, daß ein Werkspilot 160 km/h erreicht hatte. Trotz des günstigen Verkaufspreises von 2245 Dollar brachte der neue Speedster nicht den erhofften Gewinn.

DUESENBERG SJ

Die Brüder Duesenberg waren gebürtige Deutsche und noch im Kindesalter, als die Familie nach Amerika auswanderte. Es stellte sich schnell heraus, daß Fred, der ältere, technisch begabt war. In der Stadt Des Moines im Staat Iowa, in der sich die Familie niedergelassen hatte, begann Fred zusammen mit Bruder August Fahrräder zu basteln, bevor sie auf Motorräder übergingen. 1906 bauten sie ihr erstes Automobil, das sie nach dem Namen ihres Teilhabers »Mason« nannten. 1912 trennten sich die Brüder von ihrem Geschäftspartner und gründeten die »Duesenberg Motor Company«. Der Rennteufel hatte sie gepackt. Zuerst bauten sie Motoren, dann komplette Rennwagen, die schnell bekannt wurden. Einer von ihnen siegte 1921 sogar als erster und bisher einziger amerikanischer Sportwagen im Grand Prix-Rennen des ACF (Automobile Club de France). 1920 führten die Brüder ihren ersten Touren-Sportwagen vor, Modell »A« genannt, der seine Konzeption größtenteils den mit den Rennwagen gemachten Erfahrungen verdankte.

Dem Duesenberg A fehlte es nicht an Qualitäten: Er war leicht und gut gebaut; sein Achtzylinder-Reihenmotor mit obenliegender Nockenwelle entwickelte 90 PS und verhalf diesem als Tourenwagen bezeichneten Modell zu ganz beachtlichen Fahrleistungen. Das werkseigene hydraulische Bremssystem stellte eine avant-gardistische Neuerung dar. Leider wirkte die Karosserie etwas zu nüchtern und schmucklos. Außerdem war der neue Typ A sehr teuer. Duesenberg hatte bei seiner Einführung den Akzent nicht auf seine reellen sportlichen Leistungen, sondern auf seine Eigenschaften als Luxusautomobil gesetzt. Obgleich Rennerfolge ein recht gutes Argument zum Verkauf seriöser Limousinen sein können, erkannten die Brüder Duesenberg bald, daß ihr exklusives Auto trotz all seiner Qualitäten nicht gefragt war. So kam ihr Unternehmen an Errett Lobban Cord, der gerade dabei war, sein Industrie-Imperium aufzubauen. Dem jungen Cord kam der Kauf von Duesenberg sehr gelegen, denn die Firma vervollständigte eine Gruppe von Unternehmen, aus der bereits die Auburn-Automobile und die Lycoming-Motoren hervorgingen, ganz abgesehen von dem zukünftigen Modell, das eines Tages seinen Namen tragen würde.

Cord, der ein Haus in Beverly Hills besaß, ging in Gesellschaftskreisen ein und aus, in denen Geld keine Rolle spielte. Es gab also Kunden genug, nur das Auto fehlte noch, das ihren Erwartungen entsprach. Cord ließ den Brüdern Duesenberg bei der Entwicklung des schnellsten und imposantesten Automobils, das je den Katalog eines amerikanischen Konstrukteurs geschmückt hatte, freie Hand. Fred war ein Magier der Mechanik und es gab keinen brillanteren Mitarbeiter als seinen Bruder August. Aus der Begegnung der beiden Erfinder und eines genialen Geschäftsmannes wie Cord ging der Duesenberg »Modell J« hervor, dessen Erscheinung seinen sensationellen Fahrleistungen ebenbürtig war.

Sein Herzstück war ein 6,8 l großer Achtzylinder-Kompressor-Reihenmotor mit zwei obenliegenden Nockenwellen und vier Ventilen pro Zylinder, der nach den Plänen Duesenbergs bei Lycoming hergestellt wurde und eine Leistung von 265 PS abgab. Wenn man

Rechts: Errett Lobban Cord hatte den Brüdern Duesenberg bei der Entwicklung des damals schnellsten amerikanischen Serienautos freie Hand gelassen. So war der Duesenberg Typ J entstanden. Hier ist der Kompressor-Motor eines Typ SJ Baujahr 1932 zu sehen.

Unten linke Seite:
Ein SJ-Tourenwagen von 1932.
Die Karosserie stammt von Derham.

Unten: Ein Cabriolet Typ J aus dem Jahr 1930 mit einer Karosserie von Murphy.

Links: Der berühmte von Wymann karossierte Speedster mit einem SJ-Chassis von 1933.

Darunter und unten Mitte: Zwei von Le Baron karossierte Tourenwagen.

Rechte Seite oben: Ein 1935 speziell für Clark Gable angefertigter Speedster SJ.

dem Werk Glauben schenken durfte, war die Spitzengeschwindigkeit nicht weniger sensationell: 180 km/h! Diese für 1930 beachtlichen Werte waren nie nachgeprüft worden, aber es steht außer Zweifel, daß es sich beim Typ J um ein exklusives Luxusmodell mit den Fahrleistungen eines reinrassigen Sportwagens handelte. Seine Ausstattung zeugte von ungewöhnlicher Raffinesse: Am Instrumentenbrett gab es Warnleuchten für Öl und Ladezustand der Batterie und für das Fahrwerk eine Zentralschmierung. Der Preis richtete sich nach der Wahl der Zusatzangebote; Chassis und Motor kosteten 8500 Dollar, karossiert erreichte der Typ J leicht den doppelten Preis. In jener Zeit kostete ein Packard, der als *die* elegante Marke galt, karossiert und komplett ausgerüstet 6000 Dollar. Nach dem Bugatti »Royale« war der Duesenberg J das teuerste Auto der Welt.

Der neue Duesenberg debütierte im Dezember 1928. Der Moment schien schlecht gewählt, um ein neues Luxusmodell auf den Markt zu bringen. Einige Monate später kam es zum gigantischen Börsenkrach, in dessen Wirbeln ein Teil der potentiellen Kunden der Marke unterging. Ohne die Cord'sche Organisation hätten die Brüder Duesenberg mit dem Typ J wahrscheinlich die gleichen Probleme gehabt, wie mit dem Modell A. Diesmal verfügten sie jedoch über einen soliden finanziellen Rückhalt. Cord vermied dank seines ausgeprägten Geschäftssinns die Fehler der Brüder Duesenberg. Er hatte einen 25jährigen Stylisten namens Gordon Buehrig eingestellt und ihn beauftragt, für den Duesenberg SJ eine seinem Leistungspotential gemäße Hülle zu schaffen. Buehrig, der zusammen mit Karossiers wie Derham oder Murphy arbeitete,

hatte seinen Vertrag auf das vorbildlichste erfüllt: Man sah auf den ersten Blick, daß der neue Duesenberg das leistungsfähigste und teuerste Auto des amerikanischen Automobilmarktes war. Er wurde unverzüglich der Favorit der »Happy Few« von Beverly Hills.

Je schlechter die wirtschaftliche Lage wurde, umso ostentativer wurde der Duesenberg. Im schwärzesten Krisenjahr 1932 brachte die Firma den phantastischen »SJ« mit Fliehkraft-Kompressor heraus, ein von den Brüdern Duesenberg schon seit 1924 bei den Wettbewerbsmodellen eingesetztes Aufladesystem, das die Motorleistung auf 320 PS und die Höchstgeschwindigkeit auf 210 km/h erhöhte.

Diese auch für die damalige Zeit verblüffenden Werte ließen keinen Zweifel an der Tatsache, daß der SJ noch besser war als sein J-Vorgänger, der seinerseits schon über ein sensationelles Leistungsniveau verfügte. Der Preis erhöhte sich allerdings im gleichen Verhältnis: Fahrwerk und Motor des SJ kosteten alleine schon 15000 Dollar, und die Karossiers konnten für ihre Arbeit kaum weniger verlangen. Trotzdem fand der Super-Duesenberg insgesamt 36 Abnehmer, unter denen sich zahlreiche Filmstars und bekannte Schlagersänger befanden. Zwei SJ erhielten speziell angefertigte Fahrwerke mit einem Radstand von 3,18 m. Eins von ihnen wurde von Gary Cooper gekauft, das andere von Clark Gable... zwei Starautos für zwei Stars der Filmwelt – passendere Käufer hätte der SJ kaum finden können.

1932 verunglückte Fred Duesenberg tödlich mit einem SJ. Die Marke überlebte seinen tragischen Tod nicht lange, aber ihre Automobile sind als einige der gelungensten Kreationen in die Geschichte eingegangen.

Oben rechts: Das attraktivste aller Duesenberg-Modelle: Dieser SSJ mit Kurzchassis (es gibt nur zwei Exemplare) wurde für Gary Cooper gebaut.

Unten: Ein Cabriolet SJ von 1933, mit einer Ende der 30er Jahre modernisierten Karosserie.

FORD 1932

Henry Ford hatte wirklich wenig Grund, mit dem Modell A, Nachfolger des populären Ford T, »Tin Lizzie« genannt, zufrieden zu sein. Das Modell T war seinerzeit eine Revolution im Automobilbau gewesen und Ford hätte gerne eine zweite Revolution ausgelöst. Das war aber bei dem Typ A mit seiner klassischen Konzeption schlecht möglich, der übrigens unter der Oberaufsicht seines Sohnes Edsel entstanden war, mit dem Vater Henry in ständigem Konflikt lebte. Das Modell A stellte daher eine Art Übergangslösung dar, bis die neue, in Dearborn konzipierte »Bombe« in Erscheinung trat.

Der Verkaufserfolg des Ford A hatte außerdem unter dem zum gleichen Zeitpunkt von GM eingeführten Chevrolet-Rivalen gelitten, dessen Sechszylinder-Motor Thema einer sehr geschickten Werbekampagne war: Die Konkurrenz – damit war der Ford A gemeint – könne nur einen Vierzylinder vorweisen. Aber Ford brauchte sich von niemandem – vor allem nicht von Chevrolet – Lehren erteilen zu lassen. Die Firma in Dearborn beeilte sich, um nun ihrerseits einen Achtzylinder herauszubringen – aber keinen Reihen-Motor! Ford bevorzugte kompakte und kurze Modelle, weil sie eine leichtere und robustere Bauweise ermöglichten. Im Hinblick darauf hatte man bei Ford ein revolutionäres Projekt ausgearbeitet, einen Achtzylinder in X-Form, dessen Entwicklung aber aufgegeben werden mußte. So blieb also nur das V-Konzept, das den einzigen Nachteil hatte, automatisch die Gedankenverbindung mit Cadillac heraufzubeschwören, der es bereits 1914 in den USA eingeführt hatte. Aber Ford stattete seine Modelle trotzdem mit einem V8 aus – allerdings von origineller Konzeption – das war seine Art, auf die Herausforderung einer prestigereichen Marke wie GM zu antworten.

Der Aufbau des V8 entsprach der Devise seines Schöpfers: Schlichtheit – eine Qualität, die für den mit praktischem Sinn begabten, von irischen Bauern abstammenden Henry Ford alle anderen beinhaltete: Widerstandsfähigkeit, Leichtigkeit und Wirtschaftlichkeit. Ford haßte Schrauben. Sobald er zwei mit Schrauben verbundene Teile sah, fragte er, warum man kein durchgehendes Bauteil hergestellt hatte. Wenn es möglich gewesen wäre, ein »nahtlos« aus einem Stück bestehendes Auto zu bauen, hätte Henry Ford die Methode bestimmt erfunden.

Damals wurde ein V8 im wesentlichen aus drei Elementen zusammengebaut: Den beiden Zylinderblöcken und dem Kurbelgehäuse. Für Ford waren das zwei Teile zuviel. Seine Mitarbeiter beriefen sich auf die Schwierigkeit, eine derart komplexe Baugruppe in einem einzigen Gußteil unterzubringen. »Zuviel Teile, zu kompliziert«, war die lakonische Antwort des Firmenchefs, dessen Eigensinnigkeit dem Personal inzwischen gut bekannt war.

Der ungeteilte Motorblock wurde zur Priorität 1 des Produktionsleiters Charles Sorensen. Man versuchte es mit den verschiedensten Gußmodellen. Sobald ein Problem auftauchte, zogen Henry Ford und Sorensen ihre Arbeitsanzüge über und sahen in der Gießerei von River Rouge selber nach dem Rechten. Schließlich kam man auf die Lösung des Problems, die ohne jeden Zweifel zu den wegbereitenden technischen Neuerungen zwischen den beiden Weltkriegen gehörte. Nach einer Werbekampagne von noch nie dagewesenen Ausmaßen, bei der die Öffentlichkeit tagelang in Atem gehalten wurde, führte Ford sein neues V8-Modell am 31. März 1932 endlich vor. Noch vor der Premiere waren 100 000 Aufträge eingegangen, und in den Tagen nach der Ausstellung verkaufte Ford weitere 100 000 Exemplare.

Die mit Entwurf, Entwicklung und Ausarbeitung des V8 verbrachte Zeit fehlte für den Rest des Fahrzeugs, dessen technischer Aufbau fast unverändert vom Modell A übernommen wurde. Der neue Ford besaß den gleichen Radstand von 2,65 m, einer der kürzesten im amerikanischen Automobilbau, Querblattfedern, Kraftübertragung über ein Antriebswellenrohr und Gestängebremsen. Diese unkomplizierte Mechanik hatte ihre Vorteile. Der Ford wog nur 1200 kg, d.h. 200–300 kg weniger als seine Vier- oder Sechszylinder-Konkurrenten. Für seinen Hubraum von 3,6 l besaß der V8 allerdings nur die mäßige Leistung von 65 PS. Dennoch ermöglichte er diesem Federgewicht von Auto für die damalige Zeit spektakuläre Fahrleistungen: Eine Spitzengeschwindigkeit von nahezu 130 km/h und 17 sec für die Beschleunigung von 0 auf 100 km/h. Da konnten viele fünf- oder sogar zehnmal so teure Modelle nicht mithalten. Seine unkomplizierte Bauweise machte den Ford V8 nämlich zu einem selten preiswerten Auto: Je nach Karosserietyp war er für 450–550 Dollar zu haben, ein ausgesprochen günstiges Preis/Leistungsverhältnis.

Der Produktionsanlauf ging allerdings nicht so problemlos wie erhofft vor sich, weil der V8 mit einer Konzeptionsschwäche behaf-

Nächste Doppelseite: Dieser Roadster »Modell B« mit Vierzylinder-Motor war ein Nachkomme des »Modell A« und wurde im März 1932 zusammen mit dem neuen Ford V8 eingeführt. Sechs Monate später verschwand er nach einer Produktion von 9000 Exemplaren aus dem Bauprogramm.

Rechts: »Phaeton Ford Modell 18« Baujahr 1932. Die ersten Ford-V8 unterschieden sich von den Vierzylinder-Modellen durch das auf den Radzierdeckeln eingelassene V8-Markenzeichen.

Unten: Die in Großbritannien gebauten Ford V8 waren an ihrer Rechtslenkung zu erkennen.

tet war: Da die Auslaßventile an der Innenseite des V lagen, durchquerten die Auslaßkanäle den Zylinderkopf und kamen an der Außenseite aus dem Motorblock heraus. Das hatte zur Folge, daß die glühendheißen Abgase beim Durchlaufen des Zylinderkopfes das Kühlwasser stark erwärmten. Außerdem hatte Henry Ford darauf bestanden, die Wasserpumpe ganz oben auf den Block zu montieren, wo sie unter ungünstigen Bedingungen arbeitete. Resultat: Das neue Meisterwerk der Firma Ford litt nach kurzer Zeit an Überhitzungserscheinungen. Die Zylinderköpfe wurden rissig, die Kolben neigten zum Fressen und zu erhöhtem Verschleiß und der Ölverbrauch nahm erheblich zu. Es bedurfte eines großen Teils des Jahres 1932, um diese Mängel zu beseitigen. Im folgenden Jahr erschien eine verbesserte Version des Basismodells unter der Typenbezeichnung V8 40, die über einen neu entworfenen Leichtmetall-Zylinderkopf verfügte. Aber erst 1937 wurde die Kühlwasserpumpe – wahrscheinlich hatten sich die Techniker einen Moment der Unachtsamkeit des Firmenchefs zunutze gemacht – von der Spitze des Blocks nach unten verlegt. Diese Kinderkrankheiten des V8 beeinträchtigten den Absatz des neuen Ford, dessen Gesamtproduktion am Ende des Jahres 1932 212000 Exemplare nicht überschritten hatte, obwohl Ford noch zu Beginn des Jahres öffentlich verkündet hatte, daß sich das Werk auf eine Jahresproduktion von 1½ Millionen Exemplaren einstellen würde.

Allerdings war Ford vorsichtig genug gewesen, nicht alles auf den V8 zu setzen. Im März 1932 hatte er einen »Modell B« genannten Vierzylinder vorgeführt, eine verbesserte Version des Typ A, dessen Leistung von den ursprünglichen 40 PS auf 50 PS angestiegen war. In den Modellkatalogen und Werbeprospekten der Firma nahm das Vierzylinder-Modell eindeutig den zweiten Platz ein, obwohl es nur 50 Dollar billiger war als der Star der Marke. Es sah fast so aus, als sollte ein Vergleich mit ihm als Kaufanreiz für den neuen Ford V8 dienen. Und doch war es dem Vierzylinder zu verdanken, daß zahlreiche, vom schlechten Ruf des neuen V8 abgeschreckte Kunden der Marke treu blieben. In dieser Hinsicht hatte er tatsächlich seine Aufgabe erfüllt – allerdings anders als erwartet – bis er im September 1932 mit der gleichen Diskretion, mit der er erschienen war, wieder aus dem Programm verschwand. Er war nur sechs Monate in Produktion geblieben und seine Verkaufsziffern erreichten nur den vierten Teil von denen des V8.

Der 1933 im Typ 40 eingeführten, überarbeiteten Version des Basis-V8 war eine lange Karriere beschieden. Dank seines großzügigen Bohrung/Hub-Verhältnisses konnte die Leistung dieses Motors ohne nennenswerte Modifikationen immer weiter erhöht werden, bis mit 110 PS bei 3800/min das Optimum erreicht war. Erst 1953 verschwand er aus dem Ford'schen Modellprogramm und wurde durch einen neuen, kipphebelgesteuerten V8 ersetzt. Als populärstes Opfer der aufkommenden »hot rods« nahm er im Herzen des amerikanischen Volkes eine Sonderstellung ein. Für die immer zahlreicheren Liebhaber hochfrisierter Serienmotoren entwickelte der Ingenieur Zora Arkus Duntov einen »Ardun« genannten Zylinderkopf mit hängenden, über Kipphebel betätigten Ventilen, mit denen der alte V8 problemlos 5000/min erreichte. Eine V8 Kompressor-Version mit Ardun-Zylinderkopf entwickelte bis zu 500 PS. Der zum Kummer seiner ersten Eigentümer von 1932 nur 65 PS leistende Serien-V8 hatte unbestreitbar große Fortschritte gemacht. Die Ereignisse hatten Henry Ford recht gegeben.

CORD

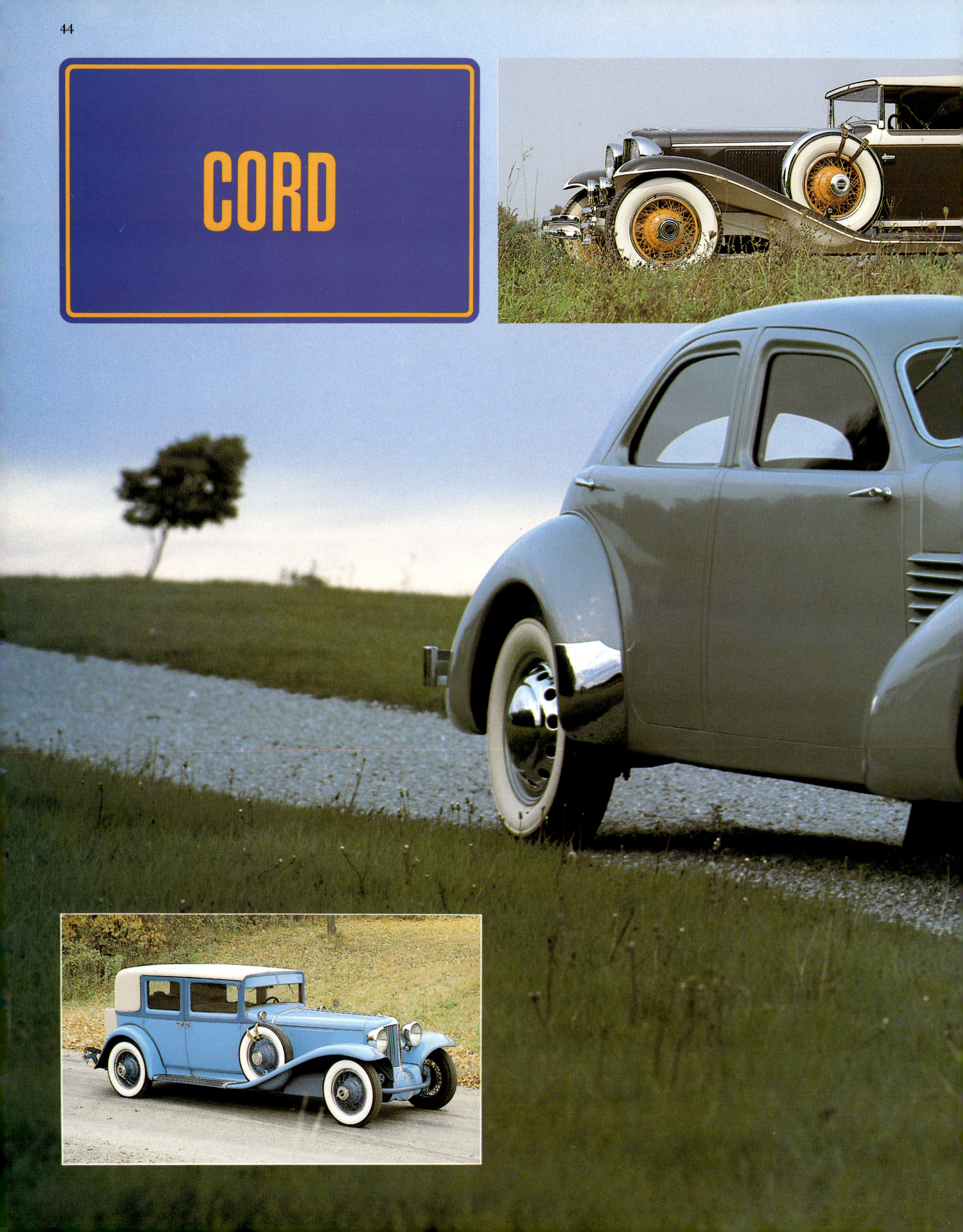

Oben Mitte: Dieser 1929 eingeführte Typ L-29 trug als erster den Namen Cord.

Links unten: Eine Limousine L-29 aus dem Jahr 1931. Der durch die Anordnung von Motor, Getriebe und Kupplung entstandene Front-Überhang unter dem kurzen Kühlergrill zeichnete alle Fronttriebler der Marke aus.

Unten: Der 1936 herausgebrachte Typ 810 war das zweite Modell der Marke und besaß wiederum Frontantrieb.

Errett Lobban Cord wurde 1894 im Staat Missouri geboren, wo sein Vater, ein gebürtiger Schotte, ein Lebensmittelgeschäft besaß. Er verbrachte seine Kindheit und Jugend in Los Angeles und stellte dort seine mit einem ungewöhnlich stark entwickelten Geschäftssinn gepaarte Leidenschaft für Automobile unter Beweis. Noch während seiner Schulzeit hatte er sich mit der Verwandlung gebrauchter Ford T-Modelle in Speedster und deren gewinnbringendem Verkauf einen Namen gemacht.

Das Geschäft florierte, so daß er bald eine Werkstatt kaufen konnte. Der damit erzielte Gewinn wurde in einer Firma angelegt, die den Transport von und zu den Minen im »Death-Valley« besorgte. Dabei war er schlecht beraten, denn mit 25 Jahren hatte er bereits sein gesamtes Vermögen verloren. Mit 20 Dollar in der Tasche zog er 1919 nach Chicago.

Dort nahm er eine Stelle als Verkäufer bei einem Händler der in Saint Louis gebauten Moon-Automobile an. Mit den bereits in Los Angeles erfolgreich angewandten Methoden machte er aus den Moon-Modellen attraktivere Fahrzeuge, indem er sie in leuchtenden Farben lackierte, zahlreiche Nickel-Zierteile und diverses anderes Zubehör anbrachte. Nach einem Jahr hatte Cord es damit zum Verkaufsleiter gebracht, bis er schließlich das ganze Geschäft kaufte. Dieses zielstrebige Emporarbeiten machte die auf dem Automobilsektor spezialisierten Banken auf ihn aufmerksam. So kam er in Kontakt mit Ralph Bard, dem Inhaber der damals am Rand des Konkurs stehenden Firma Auburn. Wie bereits im Kapitel über Auburn erwähnt, bot sich Cord an, die Firma zu sanieren und, wenn sie wieder gewinnbringend arbeitete, zu besonders günstigen

Bedingungen zu kaufen. Sein Angebot wurde angenommen. Sein Eingreifen war sehr bald von Erfolg gekrönt, denn zwei Jahre später konnte die Firma ihre Schulden bezahlen. Cord war 32 Jahre alt, als er Präsident und Eigentümer der Firma Auburn wurde.

Das Folgende liest sich wie das Musterbeispiel einer erfolgreichen Karriere – wie die Verwirklichung des Traums aller Amerikaner vom Erfolg. Cord fing damit an, systematisch alle mit Auburn mehr oder weniger direkt in Verbindung stehenden Firmen aufzukaufen – wie die beiden Karosserie-Zulieferfirmen und den Motorenfabrikanten Lycoming. Dieser Firmengruppe fügte er 1929, im Alter von 35 Jahren, die Duesenberg-Automobile und die Stinson-Fluggesellschaft hinzu und nannte das Ganze »Cord Corporation«.

Cord sagte sich, daß der Moment günstig war, sich selbst das schönste Geschenk zu machen, von dem ein Magnat der Automobilindustrie träumen kann: Ein Auto, das seinen Namen trug und ganz seiner Natur entsprach: Agressiv, attraktiv und erfolgreich. So entstand der Cord L-29, ein Frontantriebsmodell, das nur ein paar Tage nach dem großen Wall Street-Börsenkrach eingeführt wurde. Wahrscheinlich hatte sich Cord mehr aus ästhetischen Gründen für den Frontantrieb entschieden, weil er den Bau niedriger und gestreckter Karosserien, wie er sie bevorzugte, möglich machte, als aus seriösen technischen Erwägungen. Die Ereignisse gaben ihm recht: Der L-29 holte sich alle Preise auf den Schönheits-Wettbewerben des alten und neuen Kontinents. Der Stilist Alan Leamy hatte es ohne Zweifel verstanden, mit der überlangen, harmonisch profilierten Motorhaube Vorteil aus den großzügigen Fahrwerksabmessungen zu ziehen. Die originelle Kühlerform und die elegant geschwungenen Kotflügel wurden besonders bewundert und nachgeahmt. Diese Linienführung war später bei den Reo und Chrysler-Modellen und in der Folge auch bei Renault zu sehen. Wahrscheinlich hatte auch Jean Bugatti lange die L-29 studiert, bevor er seine eigenen Modelle entwarf.

Die Mechanik des L-29 war im Vergleich zur Karosserie weniger bemerkenswert: Der Auburn-Achtzylinder war mitsamt seiner Kraftübertragung unverändert, aber um 180 Grad verdreht einge-

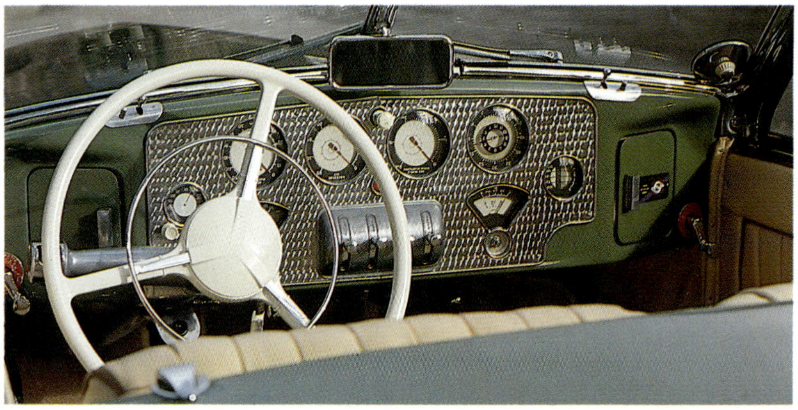

Links oben: Der Kompressor-V8 von Lycoming in einem Cord 812 von 1937. Die Auspuffrohre ragen seitlich aus der Haube heraus und verlaufen durch die Kotflügel.

Darunter: Das vom Flugzeugbau inspirierte Metall-Instrumentenbrett eines Typ 812.

Rechte Seite oben: Die Karosserie des Cord 810 ist ein Meisterwerk des Stilisten Gordon Buehrig. Die hier gezeigte Limousine ist die preiswertere, »Westchester« genannte Version.

Links: Dieses Cabriolet Typ 812, auch »Sportsman« genannt, mit Kompressormotor ist ebenso elegant wie die Limousine.

baut worden, was die Motorhaube um ein paar weitere Zentimeter verlängert hatte. Eine andere technische Notwendigkeit mit dekorativem Effekt waren die wegen der beiden Gelenkwellen des Fronttrieblers seitlich weit herausragenden Radnaben. Das interessanteste Konstruktionsmerkmal war die vorne an doppelten Viertelelliptikfedern aufgehängte De Dion-Achse, wie sie die Miller-Renneinsitzer aufwiesen. Das Leistungsniveau nahm sich für einen Hubraum von 5,27 l recht bescheiden aus. Die Spitzengeschwindigkeit lag bei 120 km/h. Der L-29 kostete zwischen 3100 und 3300 Dollar. Die Eleganz der Linienführung ließ allerdings diese Nachteile leicht vergessen. Eigentlich wurde der Cord L-29 mehr bewundert als gekauft. Nach einem guten Start 1930 mit einer Jahresproduktion von 2600 Exemplaren stagnierte der Verkauf im folgenden Jahr trotz der auf 2400 bis 2600 Dollar reduzierten Preise. Bereits Ende 1932 verschwand das Modell.

Erst sehr viel später war wieder vom L-29 die Rede, aber der Firmenname Cord tauchte schon 1935 wieder auf. Das Cord-Imperium, das zehn Jahre zuvor einen triumphalen Anfang genommen hatte, war in Schwierigkeiten und steuerte langsam seinem Untergang entgegen. Die Marke Duesenberg gab es nicht mehr und der Absatz der Auburn-Automobile war auf ein Viertel zurückgegangen. Cord verspürte plötzlich das Bedürfnis, in England frischere Luft zu atmen. Bei seiner Rückkehr nach sechsmonatiger Abwesenheit zeigte er sich um seine Fluggesellschaft besorgter als um seine Autofirmen. In dieser Krisensituation machte ein Cord-Modell wieder von sich reden, und zwar ebenfalls ein Frontantriebsmodell, das aber von einem anderen Planeten zu kommen schien, als sein nur 6 Jahre zuvor erschienener L-29-Vorgänger. Wenn der Typ L-29 als brillante Stilstudie bezeichnet werden kann, so war der neue Cord 810 eine avantgardistische Schöpfung. Seine Karosserie stammte vom Stilisten Gordon Buehrig und stellte den wohl gelungensten Entwurf seiner Karriere dar. Der neue Cord fiel vor allem durch seine strenge Linienführung auf, bei der die Chromteile auf ein Minimum beschränkt waren. Er besaß eine besonders hohe Gürtellinie, versenkbare Scheinwerfer und hatte keine Trittbretter mehr. Die mit einer Profilkante versehenen Rundungen der Kotflügel fanden ihr Gegenstück im Dachaufbau. Neu waren jedoch die waagerechten rippenförmigen Belüftungsschlitze, die den klassischen Kühler ersetzt hatten und sich über die Haubenseiten hinzogen. Das gesamte Auto schien keine Verbindungsstellen zu haben und aus einem einzigen Bauteil zu bestehen. Die geteilte Windschutzscheibe, das Instrumentenbrett aus poliertem Metall und auch die von den Stinson-Flugzeugen des Cord-Konzerns inspirierten Scheinwerfer zeugten vom Einfluß der Flugzeugindustrie. Auch die waagerechten Belüftungsschlitze waren dem Kühler von Jagdflugzeugen nachempfunden. Die Mechanik war nicht weniger neuartig. Der von Lycoming entwickelte V8 mit hängenden Ventilen war vom Auburn-V12 abgeleitet. Der Gangwechsel geschah über ein Bendix-Unterdrucksystem mit elektromagnetischem Wähler.

Diese brillante Konzeption hätte eigentlich einen ebenso brillanten Erfolg verdient, wenn das Modell nicht schon vor den letzten Abstimmungsarbeiten auf den Markt gebracht worden wäre. So fehlte die Produktionsreife. Die Kraftübertragung war zu empfindlich, die Gangschaltung unzuverlässig und der Motor lief schnell heiß. Wie schon der L-29-Vorgänger wurde der neue Cord viel bewundert und kopiert, aber selten gekauft. Ein Jahr nach seiner Einführung im November 1935 hatte der Cord 810 nur 1174 Käufer gefunden. 1937 erhielt er die Typenbezeichnung 812. Gleichzeitig wurde eine Kompressor-Version mit einer Leistung von 190 anstelle der serienmäßigen 110 PS angeboten. Sie war an den seitlich aus der Haube herausragenden verchromten Auspuffrohren zu erkennen. Aber auch dieses Modell brachte mit einem Absatz von nur 1146 Exemplaren nicht den erhofften Erfolg. Im gleichen Jahr verkaufte Errett Lobban Cord seine Aktienmehrheit und das Werk Auburn, in dem die Cord-Automobile hergestellt wurden, ging in die Hände der Firma Borg-Warner über.

BUICK Y

Als Alfred Sloan die Leitung der General Motors Corp. übernahm, dauerte es nicht lange, bis er sich der Bedeutung der Ästhetik eines Autos als Werbeargument bewußt wurde. Der unaufhaltsame Fortschritt auf dem Gebiet der Technik würde mit der Zeit zwangsläufig die technischen Merkmale aller Automobile immer ähnlicher werden lassen – nur ihr Äußeres würde sie dann noch voneinander unterscheiden. Sloane gründete daher eine neue Abteilung, »Art and Color« genannt, an deren Spitze er Harley Earl setzte, den ersten professionellen Designer der internationalen Automobilindustrie.

Die Familie Earls besaß seit langen Jahren eine Karosseriefabrik in Los Angeles, die mit dem Aufkommen der Automobile einen großen Aufschwung nahm. Als die Firma Du Pont den »Duco« genannten Kunststofflack erfand, begann Earl mit der Fertigung kompletter Karosserien. Die Nähe Hollywoods und die gewinnbringende Kundschaft der Filmstudios mit ihren die Kreativität stimulierenden Wünschen und Ansprüchen trugen ihren Teil zum Wachstum der Firma Earl bei. So kam es, daß Sohn Harley Spezialkarosserien für einige der berühmtesten Persönlichkeiten der damaligen Epoche anfertigte, zu denen der Filmproduzent Cecil B. De Mille und der Sänger Al Jolson gehörten, mit dem er zeitlebens in Verbindung blieb. Dieser Einfluß wirkte sich nachhaltig auf seine Karriere aus. Dank seiner Verbindung zur Filmwelt führte er in Detroit den Werkstoff Plastilin zur Herstellung der Stylingmodelle ein, eine Technik, die er in den Filmstudios gelernt hatte und die zu einer Revolution im Karosseriebau führte. Bis zu diesem Zeitpunkt wurden alle Modelle aus Holz hergestellt, was ihre oft kantige, im eigentlichen Sinn des Wortes »hölzerne« Erscheinung erklärt. Ein derart geschmeidiger Werkstoff wie das Plastilin ließ dem Designer eine wesentlich größere Handlungsfreiheit beim Modellieren geschwungener Linien. Harley Earl führte damit ein noch heute bei der Herstellung neuer Modelle gebräuchliches Verfahren ein, bei dem nach gezeichneten Entwürfen Prototypen aus Plastilin oder ähnlich bildsamen Werkstoffen angefertigt werden. Heute ersetzen die computergezeichneten Modelle langsam die Fertigung echter dreidimensionaler Prototypen. Die Leidenschaft »Misterearls«, wie er bei GM genannt wurde, für alles, was Bewegung und Geschwindigkeit auszudrücken vermochte, wurde in Detroit bald sprichwörtlich. Jagdflugzeuge faszinierten ihn und bei ihnen holte er sich die Inspiration zu Panorama-Frontscheibe und Heckspoiler, die bald überall auf der Welt zu modischen Stilelementen im Karosseriebau wurden. 1948 erschienen zuerst Cadillac-Modelle mit Luftleitelementen, deren Form wahrscheinlich vom Jagdflugzeug P 38 »Lightning« inspiriert war. Ende der 50er Jahre galt Harley Earl in der gesamten amerikanischen Automobilindustrie als maßgeblich für das Styling. Wie alle Stilisten hatte auch Harley Earl zahlreiche Entwürfe angefertigt, die nie zur Serienproduktion führten, »Traumautos«, die die Phantasie anregen und die Öffentlichkeit auf kommende stilistische Neuerungen vorbereiten sollten. Zu einer Zeit, als es noch kein Fernsehen gab, um in direkten Kontakt mit dem Publikum zu kommen, organisierte Harley Earl sogenannte »Motoramas«, Wanderausstellungen, auf denen General Motors seine neuesten Schöpfungen vorführte, wobei jene Traumautos geschickt zusammen mit den Serienwagen ausgestellt wurden.

Die Motoramas gaben Earl Gelegenheit, der ostentativen Seite seines Talents die Zügel schießen zu lassen. Die Abteilung »Art and Color« wurde auf seine Initiative hin in »Styling Department« umgetauft. Es war Earl, der dem Wort »Styling« den Sinn gab, den es heute in der Automobilindustrie hat. Aufgabe der Stylingabteilung war unter anderem die Kreation von Traumautos. Und so stellte er seinen ersten »Showcar« auf Basis des Buick für reine Ausstellungszwecke her.

Das schlicht »Y-Job« genannte Modell war nach dem Entwurf Edward Snyders entstanden. Der Arbeisanteil des »Großen« Harley bestand vor allem darin, im Sessel sitzend die Arbeit seiner Angestellten zu beaufsichtigen, zu dirigieren und zu kritisieren. Der »Y-Job« war ein zweisitziges Cabriolet mit sportlicher Note, das auf einem verlängerten Buick-Chassis zusamengebaut worden war und eine Gesamtlänge von fast 6 Metern besaß. Die Karosserie hatte Ähnlichkeit mit dem 1934 herausgebrachten Modell »La Salle«, bei dem Earl sein zukünftiges Projekt bereits teilweise verwirklicht hatte. Auch der Einfluß des umstrittenen, aber interessanten Chrysler »Airflow« war spürbar. Der Buick Y enthielt außerdem eine ganze Reihe absoluter Neuheiten, die erst 10 Jahre später serienmäßig zum Einsatz kamen. Für den genialen Harley war es nämlich ein echtes Problem, den Fortschritt so weit zu zügeln, daß der Kontakt mit der Kundschaft nicht verloren ging. Für ihn bestand die Schwierigkeit darin, progressiv voranzugehen und die Etappen nicht zu überspringen.

Links: Der Buick Y Baujahr 1940, wie er heute bei GM in einem abgelegenen Winkel zu sehen ist. Seine damals futuristische Konzeption ist dem Genie Harley Earls zu verdanken.

Unten: Aus diesem Blickwinkel gesehen kann der 1940 eingeführte Buick Y fast mit den Nachkriegsmodellen verwechselt werden.

Die Karosserie des Buick war eine gelungene Demonstration harmonischer Linienführung. Trotz seiner großen Abmessungen wirkte das Erscheinungsbild nicht schwerfällig. Earls Bestreben ging dahin, immer längere und niedrigere Autos zu bauen, was ihm dank diverser Kunstgriffe auch gelang, wie der Buick Y beweist: Die waagerechten Linien wurden betont, Kühler und Scheinwerfer tiefer gelegt und die gesamten Proportionen in die Länge gezogen. Ohne das Verdeck verstärkte sich der Effekt einer langgestreckten Silhouette, weil das Augenmerk ungehindert auf das spitz zulaufende, verlängerte Heck gelenkt wurde.

Zum ersten Mal seit langer Zeit besaß der Kühlergrill wieder eine unzweideutig waagerechte Form mit einer in die Haubenkrümmung übergehenden Ausbuchtung am oberen Rand, ein Stilelement, das bei allen Nachkriegsmodellen der Marke zu sehen war. Die Forschungsarbeiten am Y-Projekt begannen 1937 und 1940 wurde das Modell vorgeführt, das vom amerikanischen Publikum wie ein Raumschiff von einem anderen Planeten bestaunt wurde.

Dabei war es nicht oft auf Ausstellungen zu sehen. Earl benutzte es zu persönlichen Zwecken, wenn er an Wochenenden seine berühmten Freunde besuchte. Nach dem Krieg tauchte der Buick Y vorübergehend wieder auf. Die Motoramas wurden zur Regel. Es entstanden neue Traumautos. Die Serienmodelle holten den Vorsprung der Vorkriegs-Signalfahrzeuge ein und übertrafen schließlich sogar die avantgardistischen Traumautos der 30er Jahre. Trotz alledem strahlt der Buick Y auch heute noch jenen Hauch von Exklusivität aus, der 1940 wahre Begeisterungsstürme ausgelöst hatte.

LINCOLN

Ein Lincoln Typ »L« von 1929
mit einem V8-Triebwerk.

Heute denkt man im Zusammenhang mit dem Namen Edsel vor allem an ein komplettes Fiasko, wie es in der Automobilgeschichte selten vorkommt. Dabei hätte Edsel Ford Besseres verdient. Neben anderen verantwortungsvollen Ämtern war er Leiter der Firma Lincoln gewesen, einer der prestigereichsten amerikanischen Automobilmarken.

1917 gründeten Henry Leland und sein Sohn Wilfred die Firma Lincoln. Leland hatte den Firmennamen zu Ehren Abraham Lincolns gewählt, der das Idol seiner Jugendzeit gewesen war (Leland war 1847 geboren). Anfangs baute die Firma die »Liberty«-Flugzeugmotoren und später, im September 1920, ein »L-Modell« genanntes Qualitätsautomobil mit V8-Motor. Leider war die internationale wirtschaftliche Lage kurz nach dem Ersten Weltkrieg so ungünstig, daß sich die Firma Lincoln bald in Schwierigkeiten befand und Anfang des Jahres 1922 von Ford gekauft wurde. Gerüchten zufolge soll Sohn Edsel bei diesem Abschluß die aus-

Rechts: Die Produktion dieser Version des Continental Baujahr 1947 wurde vom Luftangriff auf Pearl Harbour unterbrochen. 336 Exemplare konnten fertiggestellt werden.

Unten: Der 1935 eingeführte Lincoln Zephyr erzielte als erstes amerikanisches Modell mit aerodynamisch profilierter Karosserie einen eklatanten Verkaufserfolg. Der Entwurf stammt von John Tjaarda.

Unten kleines Bild:
Die Zephyr-Limousine von 1940 hatte nicht die gleiche Klasse wie das 1935 eingeführte Basismodell.

schlaggebende Rolle gespielt haben. Er wurde dabei von seiner Mutter, Clara Ford, unterstützt, die sich brieflich mit ihrer Freundin, Mrs. Leland, in Verbindung setzte. Beide Damen kamen überein, sich bei ihren Ehemännern – die, seit Leland 1902 die Firma Cadillac auf den Überresten des ersten mißglückten »Henry Ford Company« genannten Versuchs Fords aufgebaut hatte, miteinander verfeindet waren – für den Zusammenschluß der beiden Unternehmen einzusetzen. Zu diesem Zeitpunkt begann Sohn Edsel, sich dem Willen seines Vaters zu widersetzen. Er wollte sich einen eigenen Aufgabenkreis schaffen, um der einengenden Autorität des alternden Vaters zu entgehen. Die kleine, abseits vom Industriegiganten in Dearborn gelegene Fabrik für Luxusautomobile erfüllte diesen Zweck. So wurde die Lincoln Motor Company im Februar 1922 eine Tochtergesellschaft der Ford Motor Company.

Leland Vater und Sohn dachten anfangs, weiter die Firmengeschicke leiten zu können, bis der tyrannische Henry Ford ihnen diese Illusion nahm. Im Juni des gleichen Jahres reichten die beiden daher ihre Kündigung ein. Henry Ford verlor jedoch bald das Interesse an seiner neuen Errungenschaft und überließ die Leitung der Firma seinem Sohn Edsel. Diesem war es zu verdanken, daß der von den Lelands eingeführte Präzisionskult während des folgenden Jahrzehnts bei Lincoln erhalten blieb. Der Typ »L« war bis 1930 das einzige Modell der Marke, das jährlich zum Preis von 4500 Dollar zwischen 3000 und 8000 Abnehmer fand.

1930 führte Lincoln das Modell »K« ein, wieder mit einem V8, den Frank Johnson, enger Mitarbeiter der Lelands und Schöpfer des Vorläufers, entwickelt hatte. Wie das L-Modell, so besaß auch das K-Triebwerk Gabelpleuel, die jeweils mit dem Pleuelfuß des gegenüberliegenden Kolbens auf demselben Kurbelzapfen saßen. Diese aufwendige technische Lösung, bei der sich die Zylinder der beiden Reihen genau gegenüberliegen, führte zu einem ruhigeren Lauf des Motors. Diese konstruktive Besonderheit, ein Erbteil Henry Lelands, war noch bei dem Zwölfzylinder des 1932 eingeführten Lincoln KB zu finden. Der V8 blieb jedoch unter der neuen Typenbezeichnung KA weiter in Produktion. Der neue Lincoln kann als das von seinem Schüler Frank Johnson verwirklichte Meisterwerk aus dem Nachlaß Henry Lelands angesehen werden. Für einige Liebhaber jenseits des Atlantiks war es sogar das absolute Meisterwerk, das alles was damals in Amerika oder Europa zu finden war, bei weitem übertraf – obwohl es gerade in jener Zeit an genialen Schöpfungen nicht mangelte.

Dieses goldene Zeitalter der Firma Lincoln ging 1934 zu Ende. Der Basis-V12 mit seinen 7,3 l Hubraum wurde durch ein wirtschaftlicheres Triebwerk mit herkömmlicher Pleuelanordnung und einem auf 6,8 l reduzierten Hubraum ersetzt. Im gleichen Jahr fiel die Produktion auf 2411 Einheiten, und 1935 liefen nur noch 1400 Lincoln vom Band. Etwas mußte geschehen.

Die Lösung kam durch den Karossier Briggs, der Edsel Ford einen von John Tjaarda, dem Werksstilisten holländischen Ursprungs stammenden Entwurf vorlegte. Es handelte sich um ein gelungen profiliertes, attraktives Auto, das die Rolle eines demokratischen Lincoln spielen konnte, denn nur ein populäres Großserienmodell konnte die Firma retten. John Edsel, dem das Projekt gefiel, gab seine Einwilligung. So entstand der berühmte Lincoln »Zephyr«.

Der Zephyr wurde im November 1935 eingeführt. Sein Motor war zwar ein V12, aber nur eine vergrößerte Version des Basis-V8. Henry Leland hätte sich bei seinem Anblick im Grabe umgedreht. Der V12 besaß zwar genügend Leistung für eine Spitzengeschwin-

digkeit von 140 km/h, aber Elastizität und Drehmoment bei niedrigen Drehzahlen waren enttäuschend für einen Zwölfzylinder. Trumpf des neuen Lincoln war also nicht die Mechanik, sondern vielmehr die Karosserie John Tjaardas, die ungeteilten Beifall fand. Nach dem Reinfall mit dem Chrysler »Airflow« versöhnte der Zephyr die amerikanische Öffentlichkeit wieder mit profilierten Karosserieformen. Sein Preis von 1275 und 1320 Dollar für ein jeweils zwei- oder viertüriges Modell blieb weit hinter den 4700 Dollar des K-Vorläufers zurück, der allerdings weiter gebaut wurde.

1936 verkaufte die Firma fast 15000 Zephyr, gegenüber einer Produktion von nur 1500 K-Typen. In den folgenden Jahren vergrößerte sich die Kluft zwischen den beiden Modellen noch mehr: 1937 wurden fast 30000 Zephyr und nur 1000 K-Typen verkauft. 1938 kam der Zephyr mit neuer Front: Der Kühlergrill bestand aus zwei Teilen, die zu beiden Seiten die Kühlerspitze einrahmten. 1940 verzeichnete Lincoln mit 22000 verkauften Fahrzeugen einen leichten Rückgang. 1941 wurde ein neues, »Continental« getauftes Modell in Serie genommen. Ursprünglich war der Continental ein vom Ford'schen Chefstilisten Eugene Gregorie speziell für Edsel Ford entworfenes Einzelexemplar gewesen. Gregorie hatte die Front des Zephyr von 1939 unverändert gelassen und ein Cabriolet mit niedrigerem Aufbau und gestreckteren Linien geschaffen. Das außen angebrachte Reserverad war ein originelles Merkmal des Continental, dessen Bezeichnung englischen Ursprungs Aufschluß über den anvisierten Käuferkreis gab: Die neue Serie bestand aus speziell für reiche Engländer entworfenen Modellen, die den Kontinent bereisen wollten. In den USA waren sie gleichbedeutend mit diskreter Eleganz, hinter der sich von Uneingeweihten unvermuteter, besonders hoher Anschaffungspreis verbarg.

Ganz Oben: Die Lincoln-Versionen von 1949 waren Schwestermodelle der Marke Mercury.

Oben: Der Nachkriegs-Continental besaß die gleiche Karosserie, von den Chromteilen abgesehen, wie die Version von 1942.

Links oben: Das schlichte Instrumentenbrett eines Continental von 1947.

Links unten: Das außen angebrachte Reserverad war das Kennzeichen der Continental-Baureihe.

Rechte Seite: Dieses Cabriolet Baujahr 1948 mit einem V12-Motor war das letzte Modell der Baureihe.

Edsel Ford benutzte das neue Auto im Winter 1938/39 bei seinem jährlichen Urlaub auf Palm Beach, wo es eine derartige Begeisterung auslöste, daß Edsel eine serienmäßige Produktion beschloß.

Dann lief die Produktion einer ersten Serie von 500 Exemplaren an, und im Oktober 1939 wurde der Continental zum ersten Mal der Öffentlichkeit vorgestellt. Man hatte seinen Preis auf 2840 Dollar festgesetzt, d. h. daß er bei unveränderter Mechanik doppelt so teuer war wie der Zephyr. Da er schwerer (1800 kg Leergewicht) und aerodynamisch weniger konsequent profiliert war, lag sein Leistungsniveau weit unter dem des Zephyr. Bis zum Ende des Jahres 1939 konnten nur 25 Exemplare fertiggestellt werden. 1940 stieg der Produktionsrhythmus etwas an. Im gleichen Jahr wurde der 404 Continental herausgebracht. Zu dieser Baureihe zählten 54 Coupé-Versionen, deren erster Prototyp im Mai 1940 vorgestellt wurde. Es ist zweifelhaft, ob Ford mit diesen Modellen viel Geld verdient hat. Die Continental-Baureihe wurde nämlich teilweise handwerklich auf der Basis von Zephyr-Bauteilen hergestellt, die vor dem Zusammenbau modifiziert werden mußten. Wahrscheinlich verlor Ford mit jedem Exemplar Hunderte von Dollars. Sein Erfolg schien sich anfangs auf den kleinen Kreis der Privilegierten aus Edsels nächster Umgebung zu beschränken. Obwohl nur kleine Modifikationen die Versionen des Jahres 1941 von ihren Vorgängern unterschieden, fanden sich im folgenden Jahr zahlreiche neue Käufer. Insgesamt wurden 1250 Exemplare verkauft, unter denen sich 850 Cabriolets und 400 Coupés befanden. Die Käufer der 400 im Vorjahr zugelassenen Continental hatten Schule gemacht. Ab September 1940 wurde die Bezeichnung Zephyr weggelassen und das Modell nannte sich nur noch Lincoln Continental.

Für die Saison 1942 wurde die Karosserie völlig überarbeitet. Die 42er Variante machte einen schwerfälligeren Eindruck, die Kotflügel hatten kantigere Formen angenommen und die Frontpartie zeigte ungewohnte geometrische Stilelemente. Obgleich der neue Continental weniger elegant war, wirkte er mit seinem niedrigen Aufbau und seiner ausgeprägt waagerechten Linienführung moderner als das Vorjahresmodell. Nach einer Serie von 336 Exemplaren wurde die Produktion des neuen Modells durch den Bombenangriff auf Pearl Harbour unterbrochen.

Als der Continental im Januar 1946 wieder auftauchte, hatte sich viel ereignet: Der Krieg war beendet, Edsel Ford war gestorben und Henry Ford hatte zugunsten seines Enkels Henry Ford II abgedankt. Trotzdem setzte der Continental – mit Ausnahme eines mit Chrom-Zierteilen überladenen Kühlergrills – in unveränderter Form seine unterbrochene Laufbahn fort. Seine Rückkehr wurde mit Erstaunen begrüßt – niemand hatte ihn mehr erwartet. Die Vorkriegsmodelle waren zum baldigen Ende verurteilt. Wahrscheinlich hatte eine gewisse Nostalgie bei seinem mit 1569 Exemplaren größten Verkaufserfolg im Jahr 1947 eine Rolle gespielt. Die endgültige Produktionseinstellung wurde wie das Ende einer Epoche empfunden. Die 1949 gebauten »Lincoln« waren nichts weiter als Mercury-Modelle mit einem V8, den sie mit den Ford'schen Lastwagen gemein hatten…

KAISER-DARRIN

Der Amerikaner Howard Dutch Darrin hatte 1917, im Alter von 24 Jahren, an der Seite Frankreichs gekämpft. Das Land gefiel ihm und er nahm sich vor, dort Fuß zu fassen. Nach seiner Rückkehr 1921 in die USA machte er die Bekanntschaft Tom Hibbards, des Gründers der New Yorker Karosseriewerke »Le Baron«, dem er vorschlug, in Paris eine Filiale zu eröffnen. So entstand 1922 die Firma Hibbard und Darrin, die eine der prestigereichsten Karosseriemarken der französischen Hauptstadt wurde. Neben seiner Rolle als Verkäufer übte Darrin bald noch die Funktion eines Stilisten aus.

Mit der Wirtschaftskrise von 1929 kamen die ersten Schwierigkeiten. Tom Hibbard kehrte in die USA zurück und trat bei General Motors ein. Darrin nahm sich als Teilhaber einen Bankier namens Fernandez. Unter dem Firmennamen Fernandez und Darrin baute das Werk mit etwas vermindertem Geschäftserfolg bis in die 30er Jahre weiter Karosserien von unverändert brillanter Konzeption. 1937 kehrte Howard Darrin seinerseits in die Heimat zurück, ließ sich in Los Angeles nieder und gründete dort sein eigenes Unternehmen, das bis zum Ausbruch des zweiten Weltkriegs vorwiegend die Packard-Karosserien herstellte.

1946 wollten die Brüder Lehmann ein Fahrzeug mit einer Karosserie aus glasfaserverstärktem Kunststoff (GFK) auf den Markt bringen und beauftragten Darrin mit Entwurf und Entwicklung der neuen Hülle. Das Werk fertigte einen Prototyp an, der aber infolge Rohstoffmangels keinen Nachfolger hatte. Das Projekt der Brüder Lehmann hatte Darrin mit Henry J. Kaiser in Verbindung gebracht, der ebenfalls ein Großserienauto mit GFK-Karosserie bauen wollte. In seiner Funktion als Leiter des Konstruktionsprogramms »Liberty Ships« hatte Kaiser die Verwendungsmöglichkeit dieses Materials für nicht magnetische Schiffsrümpfe untersuchen lassen, um Schiffe vor treibenden Minen zu schützen. Auch Automobile mit Kunststoffkarosserien gehörten zu seinen Realisationen. Darrin entwarf für Kaiser mehrere Vorprojekte, bis Kaiser schließlich Joseph Frazer (Erfinder des Jeeps) zum Geschäftspartner erkor. Die aus dieser Verbindung entstandenen Kaiser-Frazer-Automobile unterschieden sich am Ende beträchtlich von der Reinkarnation des Ford »T«, die Kaiser vorgeschwebt hatte. Trotzdem ermöglichte dieses Modell dem neuen Unternehmen einen erfolgreichen Start, weil es sich im 1. Nachkriegsjahr um eine völlig neue Konzeption handelte, während die drei großen Automobilfabrikanten ihre Entwürfe von 1942 wieder hervorgeholt hatten.

Kaiser-Frazer hatte sich in den gigantischen Werksanlagen von Willow Run etabliert, in denen Ford während des Krieges Bombenflugzeuge nach den 30 Jahre zuvor zur Fabrikation des Ford T entwickelten Methoden gebaut hatte. Die Firma Kaiser-Frazer konnte Ende 1947 einen Gewinn von 20 Millionen Dollar verbuchen, zu dem ein Jahr später weitere 10 Millionen Dollar kamen. Dieser Erfolg veranlaßte Kaiser, sein Projekt eines populären Autos mit GFK-Karosserie wieder aufzunehmen. Partner Joe Frazer, der nicht einverstanden war, mußte gehen. Das Kaiser-»Kompaktauto«, schlicht »Henry J« genannt, wurde im September 1950 vorgestellt. Es handelte sich um ein Modell von klassischer Konzeption, das von einem 80 PS leistenden Sechszylinder angetrieben wurde. Seine Karosserie, die wieder nicht aus GFK sondern aus Stahlblech bestand, unterschied sich nur durch etwas geringere Ausmaße als jene, die im amerikanischen Automobilbau allgemein üblich sind. In der Zwischenzeit hatten auch die drei Großen aus Detroit ihre Nachkriegsmodelle herausgebracht und Kaiser-Frazer, der an seinem Entwurf von 1946 nur kleine Modifikationen vorgenommen hatte, registrierte einen radikalen Rückgang seiner Verkaufsziffern. Man hoffte mit Einführung des Henry J und der von Howard Darrin für die anderen 1951er Modelle der Marke entwickelten, eleganten Karosserien auf eine Verbesserung der Lage. Eine Zeitlang schienen diese Erwartungen auch gerechtfertigt: Kaiser-Frazer erzielte Anfang 1951 das beste Verkaufsresultat der letzten vier Jahre. Leider kam der Koreakrieg dazwischen und für die Firma ging das Jahr nach dem vielversprechenden Auftakt schlecht zu Ende. Nach dem anfänglich guten Geschäft wuchsen die Bestände unverkaufter Modelle auf dem Werksgelände langsam an. Da kam Howard Darrin eine Idee, die er in seiner Werkstatt in Santa Monica unverzüglich verwirklichte. Es handelte sich um den Bau eines echten Sportmodells auf dem Chassis des Henry J, das endlich die Karosserie aus glasfaserverstärktem Kunststoff erhalten sollte. Dieser Sportwagen, bei dessen Entstehung niemand um Rat gefragt worden war, erschien zu Beginn des Jahres 1952 auf dem Markt. Es sah anders aus als alles, was das amerikanische Publikum bisher zu sehen gewohnt war. Am Ungewöhnlichsten wirkte die Frontpartie mit ihrem winzigen, weit oberhalb des Stoßfängers befindlichen, fächerförmigen Kühlergrill. Im Profil der Kotflügel zeigte sich eine gewisse Ähnlichkeit mit den von Darrin entworfenen Kaiser-Limousinen. Eine andere Neuheit waren die Schiebetüren, die beim Öffnen in den vorderen Kotflügeln verschwanden. Darrin hatte als

Links und unten: Der von Kaiser gebaute und von Howard Darrin konzipierte Sportwagen »Kaiser-Darrin«, wie er 1954 zugelassen wurde. Aus verschiedenen Blickwinkeln gesehen wirkte er vielleicht etwas exzentrisch, aber er steckte voller genialer Ideen und Erfindungen. Man beachte vor allem die Schiebetüren und das »Landauer«-Verdeck.

begeisterter Polospieler Zugang zu eleganten Gesellschaftskreisen. Die Firma Glosspar baute in seinem Auftrag ein Dutzend Karosserien nach seinem Entwurf, die Darrin selbst in seiner Werkstatt mit Hilfe seines Sohnes zusammenbaute. Dann führte er Kaiser das Modell vor, der zuerst mehrere Prototypen anfertigen und in verschiedenen Städten der USA vorführen ließ. Da der neue Sportwagen Anklang fand, wurde eine Nullserie von 62 Exemplaren gebaut und erst im Anschluß daran entschloß sich Kaiser zu einer Serienproduktion im Werk in Jackson/Michigan.

Die endgültige Serienversion des »Kaiser-Darrin« genannten Modells unterschied sich von den Prototypen durch ihre höheren Kotflügel, die eine Unterbringung der Scheinwerfer in vorschriftsmäßiger Mindesthöhe möglich machten. Der Kaiser-Darrin besaß eine durchgehende Windschutzscheibe, das Fahrwerk des »Henry J« war verstärkt worden und der Motor stammte von der kurz zuvor von Kaiser übernommenen Firma Willys – ein 2,6 l-Sechszylinder mit seitlichen Auslaß- und obenliegenden Einlaßventilen. Seine 90 PS reichten zwar nicht zu außergewöhnlichen Fahrleistungen, dafür besaß er aber Laufkultur und war geräuscharm. Das Dreiganggetriebe des kleinen Sportwagens war mit einem als Schongang ausgelegten vierten Gang versehen und half, die vorhandene Leistung voll auszunutzen. Dank des biegesteifen Henry J-Fahrwerks war die Straßenlage einwandfrei. Die Karosserie hatte zumindest den Vorteil, mit keiner anderen verwechselt zu werden.

Der Kaiser-Darrin wurde Ende 1953 als Modell der kommenden Saison vorgestellt. Kaiser hatte den Henry J, ohne dessen Fahrwerk kein neuer Kaiser-Darrin gebaut werden konnte, vom Programm gestrichen. Die Firma überlebte noch ein Jahr. Darrin holte sich die unvollendet gebliebenen Fahrzeuge aus dem Werk, stattete sie mit einem Cadillac-V8 und einem speziell angefertigten Hardtop aus und fand für jedes Modell unverzüglich einen Abnehmer.

MERCURY

Die Marke Mercury war 1938 auf dem Markt erschienen, um ihre Modelle der nächsten Saison 1939 vorzustellen. Theoretisch handelte es sich dabei um eine Tochtergesellschaft von Lincoln – und Lincoln war ebenso theoretisch eine Firma des Ford-Konzerns. Die Verwandtschaft der Mercury-Modelle mit Ford kann also nicht geleugnet werden.

Der Motor des Mercury 1939 war der wohlbekannte V8, der mit verlängertem Hub einen Hubraum von 3,9 l und eine Leistung von 95 PS erreichte. Die Federung geschah immer noch durch die gleichen Querblattfedern, die in die Belle Epoque der »Tin Lizzie« zurückreichten. Da die Mercury mit hydraulischen Bremsen ausgestattet waren, hieß das, daß Henry Ford sich höchstpersönlich für den Einsatz dieses Systems entschieden hatte. Wie seinerseits der Zephyr sollte der Mercury die Verbindung zwischen den populären Ford und den prestigereichen Lincoln Typ K herstellen. Die Ford Motor Company war endlich dem Beispiel General Motors gefolgt und versuchte, mit einer vielseitigeren Baureihe Modelle für alle Sektoren des amerikanischen Automobilmarktes herauszubringen. Der Lincoln Typ K rivalisierte mit den Cadillac V16, während der Zephyr den Cadillac V8 und den La Salle auf ihrem Terrain bedrohte. Die eigentlichen Ford-Modelle lagen an einer dritten Front bereits seit langen Jahren in Fehde mit Chevrolet. Das bedeutete, daß die Mercury als einzige Vertreter des Ford'schen Imperiums gegen Pontiac, Oldsmobile und Buick antreten mußten. Ihr Preis von 957 Dollar machte sie eher zu direkten Rivalen der Buick. Die Markenvertreter der »FOMOCO« traten also nicht in strategisch geschlossener Formation ihren Rivalen gegenüber, wie es zum Beispiel General Motors mit seiner keine Marktlücke unausgefüllt lassenden, tadellos abgestuften Modellhierarchie tat. Zumindest war es für die Marke aus Dearborn ein Schritt in die richtige Richtung.

Diese neue Tendenz war das Resultat der Bemühungen eines einzigen Menschen, nicht des alten Henry Ford, sondern seines Sohnes Edsel. Der Firmengründer stand zu diesem Zeitpunkt bereits ganz unter dem Einfluß Harry Bennetts, eines ehemaligen Boxers, der sein Leibwächter und Chef seiner Privatpolizei geworden war. Bennett tat sein Bestes, um den alten Henry von der Außenwelt abzuschneiden und ihm seinen Sohn weiter zu entfremden, was ihm auch sehr gut gelang. Mit Ausdauer und Geduld erreichte Edsel jedoch, daß der totalitäre Patriarch einen Teil seiner Ansichten akzeptierte, aber die Gesundheit des Sohnes litt unter diesem ständigen Kampf.

Schon gleich während des ersten Produktionsjahres wurden 80000 Mercury verkauft, ein Resultat, mit dem die Marke den zwölften Platz unter den amerikanischen Automobilfirmen einnahm. Es war ein für den Anfang ermutigendes Ergebnis, das aber noch weit hinter den Verkaufsziffern der GM-Rivalen zurückblieb. Buick alleine hatte 1939 viermal soviel Autos verkauft. 1941 stieg die Produktion der Mercury auf 90000 Exemplare an. Neuerdings besaßen sie Lenkradschaltung, eine auf 105 PS erhöhte Leistung und auf Wunsch ein »Liquidmatic« genanntes, halbautomatisches Getriebe.

Der Krieg war für Ford wie für zahlreiche andere Industrieunternehmen ein gutes Geschäft. Die Firma aus Dearborn bewies, daß sie trotz des regelmäßigen Nachfragerückgangs der 30er Jahre noch immer einer der mächtigsten Industriekonzerne Amerikas war. Ford setzte vor allem die Fabrikationsmethoden, die 30 Jahre zuvor

Links: Eine zweitürige Mercury-Limousine von 1951, wie sie im Filmklassiker »Jenseits von Eden« mit James Dean zu sehen war.

Rechte Seite oben: Die Rundungen des Mercury erinnern an den Ford »Vedette«.

Rechte Seite unten: Ein typischer Kühlergrill im »Juke-Box-Stil«.

den Erfolg des Typ T ausgemacht hatten, beim Bau viermotoriger Flugzeuge ein. Wie bereits erwähnt, wurden 1944 im Riesenwerk in Willow Run/Michigan »Liberator« genannte Bombenflugzeuge hergestellt, und zwar im Rhythmus von einem Bomber pro Stunde! Im Vorjahr war Edsel Ford an den Folgen einer Krankheit gestorben, die er sich beim Trinken der von der Modellfarm seines Vaters stammenden, nicht-pasteurisierten Milch zugezogen hatte. Der inzwischen 80jährige Henry Ford beschloß, die Mercury-Firmenleitung selbst in die Hand zu nehmen, worauf die amerikanische Regierung in aller Eile Edsels älteren Sohn Henry, der sich zur Marine gemeldet hatte, zurückberief. Von Mutter und Großmutter Clara unterstützt konnte er Großvater schließlich von der Notwendigkeit überzeugen, endlich in den Ruhestand zu treten. Im September 1945 trat Henry Ford II die Nachfolge an. Seine erste Amtshandlung bestand in der Entlassung Harry Bennetts. Anschließend suchte er sich gleichaltrige Mitarbeiter aus (Henry II war 25 Jahre alt), die sofort den Beinamen »Whizz Kids« – kleine Genies – erhielten. Unter diesem verjüngten Dircktorium entstanden zwei neue Modelle: Ein kleiner Fronttriebler – eine Art Kompaktauto (noch ehe es diesen Begriff überhaupt gab), wie es bei GM ebenfalls gerade entwickelt wurde –, und ein Modell mit »normalen« Abmessungen – normal zumindest für amerikanische Verhältnisse. Henry II und seine Whizz Kids fanden schließlich, daß der »Kleine« zu klein und der »Große« zu groß war, weshalb man den Kleinen nach Frankreich schickte, um dem »Vedette« als Basis zu dienen, während der Große für die Saison 1949 in einen Mercury verwandelt wurde (was die identische Linienführung der beiden Fahrzeuge erklärt). Die eigentlichen Ford-Modelle, die im Modellprogramm einen Platz zwischen den Vertretern der beiden Marken einnehmen sollten, wurden schließlich bei einem unabhängigen Forschungsbüro in Auftrag gegeben.

Links: Der berühmte Ford-V8 am Ende seiner Laufbahn, als er im Mercury einen Hubraum von 4,2 l und eine Leistung von 110 PS ereichte.

Rechte Seite: Eine nach der Mode der »Custom Cars« aufgemachte Mercury-Limousine von 1951 mit seitlichen, verchromten Auspuffrohren, Radabdeckungen hinten und tiefer gelegtem Fahrwerk.

Unten: In Wirklichkeit war der Mercury nicht so aggressiv wie er aussah. Die »Custom«-Mode modifizierte das Äußere, aber nicht die Fahrleistungen.

Ende des Jahres 1948, als die Modelle für die nächste Saison vorgeführt wurden, kündigte Henry II den Zusammenschluß beider Firmen unter dem Gründungsnamen »Lincoln-Mercury Division« an. Die Elite-Lincoln waren künftig nur noch luxuriös aufgemachte Mercury mit den unveränderten Karosserien und der Mechanik der Marke – von den obligatorischen Detailmodifikationen abgesehen. Aber es gab noch andere Neuheiten: Die Modelle der Saison 1949 waren die ersten echten Nachkriegsmodelle von Ford, der sich bisher – wie seine Konkurrenten Chrysler oder GM – mit einer Modernisierung seiner 1942 entwickelten Modelle begnügt hatte. Die vom Firmengründer hochgeschätzten Querblattfedern waren durch eine vordere Einzelradaufhängung und hintere doppelte Längsblattfedern ersetzt worden. Der V8 hatte sich nicht geändert und glich seinem Vorfahr von 1932 wie ein Ei dem anderen. Der Hubraum des V8 der Mercury-Modelle war auf 4,2 l vergrößert worden, was seine Leistung auf 110 PS erhöhte. In punkto Mechanik standen die Mercury den Ford in nichts nach – bei der Karosserie lagen die Dinge jedoch anders. Der Leser wird sich erinnern, daß der Mercury 1946 entworfen, aber nicht entwickelt worden war. Für die Ford war auf dieser Basis ein neuer Entwurf angefertigt worden, bei dem man den neuen Merkmalen des in der Zwischenzeit erschienenen, revolutionären Studebaker Rechnung getragen hatte. Mit ihrem konvexen Kühlergrill in Form eines Raketenkopfes und ihren flachen Flanken wirkten die Ford von 1949 moderner und jünger als die Mercury.

Eine bei ihrem Erscheinen im Grunde veraltete Karosserie und ein ausgedientes Triebwerk sind allgemein nicht die günstigsten Voraussetzungen zur Entstehung von Traumautos, die Geschichte machen – trotzdem lieferten die Mercury 1949 gleich von Anfang an der amerikanischen Jugend ein Mittel zur Alltagsflucht und zum Träumen. Das Erscheinen des Mercury 1949 fiel mit der Mode der »Custom Cars« zusammen, durch Zubehör individualisierter, der Persönlichkeit des Eigentümers angepaßter Autos. Ein Custom Car hat Ähnlichkeit mit einem Hot Rod (Autos mit hochfrisiertem Serienmotor), ist aber keiner. Beim neuen Mercury verbargen Radabdeckungen die Hinterräder, Chromteile, Rücklichter und Kühlergrill waren abmontiert worden und sogar die Türgriffe wurden durch ein elektrisches System ersetzt. Die verchromten Auspuffrohre und auf die Motorhaube gemalte, züngelnde Flamme hatte allerdings keinen Einfluß auf die Fahrleistungen. Mercury lag diesbezüglich weit hinter dem Oldsmobil 88 mit seinem 135 PS starken Stoßstangen-V8-Motor. Diese Custom Car-Mode kam eigentlich erst Anfang der 50er Jahre voll in Gang, als der »49 Merc« als Gebrauchtwagen erhältlich war.

CORVETTE

Man nimmt allgemein an, Zora Arkus-Duntov sei der »Vater« der Corvette. Das stimmt nicht ganz, denn das Modell existierte lange bevor Duntov bei Chevrolet eintrat und die Corvette zu seinem Geschöpf machte. Allerdings besaß die Corvette vor Duntov noch nicht jene unwiderstehliche Originalität, die sie 30 Jahre lang zum anerkannt einzigen echten Sportwagen Amerikas machte.

Die erste Corvette war nur eines unter anderen 1953 auf der Motorama-Show vorgestellten Traumautos. Auf der berühmten Wanderausstellung von GM wurde sie überall in den Staaten vorgeführt. Die Öffentlichkeit war so begeistert, daß die Chevrolet-Firmenleitung eine Serienproduktion ins Auge faßte.

Die Corvette verdankte ihre Entstehung der Initiative Harley Earls, des berühmt-berüchtigten Chefstilisten von GM. Seine Söhne studierten und er hatte dabei festgestellt, daß es auf dem amerikanischen Markt kein spezifisch für die Jugend konzipiertes Modell gab, so daß junge Leute auf das europäische Sportwagenangebot angewiesen waren. So nahm das Konzept eines »modernen sportlichen Autos für die Jugend« in der Corvette und 10 Jahre später im »Mustang« Form an. Diese Basisidee eines Autos für die Jugend wurde jedoch schnell wieder fallengelassen – die Zeit war noch nicht reif dafür. Aus dem ursprünglichen Konzept entstand ein luxuriöses Cabriolet ohne spezifisch sportlichen Verwendungszweck – wie übrigens die meisten Traumautos von »Misterearl« – zu denen auch der auf diesen Seiten vorgestellte Buick Y gehört, der als Hollywood-Konzeption einer Ferrari-Sport-Barchetta bezeichnet werden kann. Die erste Corvette der Motorama-Show war aus GFK. GM hatte gerade dieses für die Herstellung von Prototypen äußerst praktische Material entdeckt – so praktisch sogar, daß man es zur Serienfabrikation verwenden wollte. Zumindest lohnte sich ein Versuch, und dafür war die Corvette am besten geeignet. Niemand hätte damals gedacht, daß mehr als 10000 Exemplare dabei herausspringen würden. Die Serien-Corvette wurde im September 1953 der Fachwelt vorgeführt. Der vorherrschende Eindruck war, daß man sich bei GM über den Bestimmungszweck nicht einig werden konnte, d.h., wie sich der Präsident von Chevrolet ausdrückte, »ob man sie zum Paradieren für Angeber oder für fanatische Automobilsportler gebaut hatte«. Die Corvette zielte auf beide Käuferkreise ab, konnte aber keinen vollständig überzeugen. Es gab keine Seitenfenster, sondern abnehmbare Scheiben; Türgriffe fehlten, dafür konnte man Radkappen im reinsten Motorama-Stil bewundern. Der ehrwürdige Werks-Sechszylinder war mit drei Vergasern, Doppelauspuff und einer Spezial-Nockenwelle auf 150 PS getrimmt worden, ein mit einem Zweistufen-Automaten »Powerglide« schwer in Einklang zu bringendes Leistungsniveau. Mit einem Preis von 3500 Dollar kostete der neue Chevrolet mehr als ein Cabriolet von Cadillac. Man war weit vom ursprünglich geplanten »modernen sportlichen Auto für die Jugend« entfernt! 1953 wurden 315 Corvette gebaut und im nächsten Jahr hatte sich die Zahl auf 3625 erhöht. 1955 blieb die Corvette, von Detailmodifikationen abgesehen,

Oben: Das Coupé Sting Ray, Version »Split Window« Baujahr 1963 mit geteiltem Heckfenster ist heute ein begehrtes Sammlerobjekt.

Linke Seite: Ein Cabriolet der Baureihe von 1955. Das großgeschriebene V im Namenszug weist auf den V8-Motor hin.

Rechts unten: Die ersten Corvette mit Glasfaser-Karosserien waren meist weiß lackiert, was zur fälschlichen Annahme führte, daß alle weißen Versionen der Baureihe eine Kunststoff-Karosserie besaßen.

unverändert, dafür bot GM seinen Kunden den neuen werkseigenen V8 und ein mechanisches Dreiganggetriebe an. Trotzdem fanden nur 700 Exemplare Abnehmer, und die kurze Karriere der Corvette schien bereits beendet, als zwei Ereignisse die Situation grundlegend änderten: Das Erscheinen des Ford »Thunderbird«, das GM nicht gleichgültig lassen konnte, und das Eingreifen eines Ingenieurs von Chevrolet namens Zora Arkus-Duntov, einer kosmopolitischen Persönlichkeit, wie aus seinem Namen zu schließen ist. Der gebürtige Belgier hatte seine Kindheit in Rußland verbracht und in Deutschland studiert. Neben seiner Karriere als Pilot für Allard, Porsche und Maserati hatte er für den Ford V8 den bekannten »Ardun«-Zylinderkopf (Ar: Arkus, Dun: Duntov) entwickelt und war – von der gerade eingeführten Corvette angezogen – 1953 bei Chevrolet eingetreten. Dort hatte er sich in der Abteilung für Forschung und Entwicklung bald eine Spitzenposition geschaffen. Sein Einfluß auf die Weiterentwicklung des Basisentwurfs war bei der Version von 1956 deutlich spürbar: Die Corvette wurde endlich ein echter Sportwagen. Die neue Version erschien im Januar 1956 auf dem Markt. Fahrwerk und Federung waren im Hinblick auf eine bessere Straßenlage überarbeitet worden. Bei seinem neuen Karosserieentwurf mit richtigen Seitenfenstern und Türgriffen hatte Duntov an die Linienführung des Mercedes 300 SL gedacht. Vor allem aber besaß das neue Modell einen 4,3 l-V8 mit einer Leistung von 225 PS und ein eigens für diesen Motor entwickeltes Dreiganggetriebe, mit dem es im zweiten Gang 160 km/h erreichte. Die Verkaufsziffern der neuen Corvette stiegen in den 9 Monaten, die vom Jahr 1956 übrigblieben, auf 3467 Exemplare an.

Mit der 1957 eingeführten Rochester-Einspritzung zeigte die Corvette auch in technischer Hinsicht einige Merkmale des 300 SL. Die Leistung des auf 4,6 l vergrößerten Hubraums war auf 280 PS bei

Oben links: Die 1978er Variante mit ihrem großen, durchgehenden Heckfenster.

Oben rechts: Diese letzte Version der Corvette-Baureihe, Nachfolgerin des 1967 eingeführten Modells, wurde 1984 herausgebracht. Ihre Karosserie-Linie entstand im Windkanal.

Linke Seite: Das Cabriolet Baujahr 1969 mit seitlichen Auspuffrohren macht sogar im Stand einen Eindruck geballter Kraft.

6200/min angestiegen, was der neuesten Corvette-Version eine Spitzengeschwindigkeit von 200 km/h verlieh. Ein neues Borg-Warner-Vierganggetriebe vervollständigte die Entwicklungsphase, mit der die Corvette anfing, im internationalen Sportwagenbau Geschichte zu machen. Die Produktion der Version 1957, des ersten Gliedes einer Generation berühmter Modelle, stieg auf 6339 Exemplare an. Die illustre Modellreihe vergrößerte sich langsam – aber noch nicht gleich, denn die 1958er Variante leitete mit ihren 4 Scheinwerfern, zahlreichen dekorativen Bauteilen und einem zu großen Gewichtsanstieg eine in ästhetischer Hinsicht leicht rückschrittliche Tendenz ein, die bis 1961 anhielt. Trotz einer auf 315 PS erhöhten Leistung hatten sich die Fahrleistungen der Version 1961 im Vergleich zu seinem 1957er Vorgänger verschlechtert. Es bedurfte des 1962 eingeführten, erneut aufgebohrten 360 PS leistenden 5,4 l-V8 um den Kurs zu berichtigen. In geschäftlicher Hinsicht hatte Chevrolet allerdings richtig kalkuliert: Diese letzten Versionen, die nichts zur Ausstrahlung des Modells beitrugen, waren mit einer Jahresproduktion von oft mehr als 10000 Exemplaren ein klarer Verkaufserfolg – das 1953 gesetzte Ziel war endlich erreicht. 1962 liefen 14531 Einheiten vom Band – die Corvette war für einen neuen Verwandlungsprozeß bereit.

Diese Mutation, wahrscheinlich die bedeutsamste in der Geschichte der Corvette, fand 1963 mit der Einführung des sensationellen »Sting Ray« statt. Er besaß ein von Duntov vollkommen überarbeitetes Fahrwerk, das ursprünglich für eine viersitzige, letztlich unverwirklicht gebliebene Version entworfen worden und daher von besonders großer Widerstandsfähigkeit und Steifigkeit war. Duntov hatte die Vorderradaufhängung der Serien-Chevrolets beibehalten. Diese Kosteneinsparung hatte ihm die Entwicklung eines neuen Konzepts mit einzeln aufgehängten Hinterrädern ermöglicht. Aber so interessant diese Neuerungen auch waren, sie wurden von der wirklich sagenhaften Karosserie Bill Mitchells, einer der originellsten Kreationen im amerikanischen Nachkriegs-Automobilbau, auf den zweiten Platz verwiesen. Die durch eine Profilkante stark betonte Gürtellinie, die sich ohne Unterbrechung über die gesamte Heckpartie hinzog, hatte zu diskret angedeuteten Profilhöckern über Vorder- und Hinterrädern geführt. Die Scheinwerfer waren versenkbar und die Heckscheibe bestand aus zwei Teilen, was dem Coupé den Modellnamen »Split Window« eingetragen hatte.

Im folgenden Jahr gab Chevrolet das geteilte Heckfenster als Stilelement auf. Ansonsten wurde dieser Entwurf ohne wesentliche Modifikationen bis 1967 beibehalten. Was die technische Weiterentwicklung betraf, so erschienen die Scheibenbremsen an allen vier Rädern bereits 1965, zu gleicher Zeit wie ein 425 PS leistender 6,5 l-V8, dessen Hubraum ein Jahr später auf 7 l vergrößert wurde. Der Sting Ray fand jährlich mit erfreulicher Regelmäßigkeit zwischen 22000 und 23000 Abnehmer und 1966 stieg die Zahl sogar auf 27000 an. Alle Versionen der Corvette-Baureihe sind heute begehrte Sammlerstücke.

Unten: Mit diesem Markenschild auf der Karosserie der 1978 herausgebrachten Modelle wurde die 25jährige Produktionsdauer der Corvette-Baureihe begangen.

CHEVROLET 1957

Ford war bis Anfang der 50er Jahre die Lieblingsmarke der amerikanischen Jugend. Die Ford-Modelle waren meist leichter und unkomplizierter gebaut als die Vertreter anderer Marken und erzielten mit ihrem famosen V8 oft beachtliche Fahrleistungen. Nach einer Tradition, die auf das Modell T »Tin Lizzie« zurückgeht, arbeiteten die Zubehörhändler vor allem für die Marke Ford. Von Ford ging die Mode der »Hot Rods« und später der »Custom Cars« aus. Wer ein anderes, originelles Auto wollte, mußte als Basis einen Ford kaufen. Nach dem Krieg wurden die Ford etwas schwerfälliger und neben dem alten V8 erschienen von Oldsmobil und Chrysler entwickelte, leistungsstärkere und modernere Motortypen auf dem Markt. Trotzdem blieb Ford in den Herzen der amerikanischen Jugend unerreichter Favorit, denn das Ford'sche Markenimage und die geheimnisvolle Aura seiner Modelle waren in der Volksseele zu stark verankert, um von heute auf morgen zu verschwinden.

1954 führte Ford einen neuen kipphebelgesteuerten V8 vor, ein Triebwerk mit zahlreichen Qualitäten, dem jedoch der markentypische Charakter seines Vorgängers fehlte. Damals räumte man langsam die Möglichkeit ein, daß Ford vielleicht doch nur eine Marke unter vielen anderen war – der alte Henry war sowieso schon lange tot...

Chevrolet brachte 1955 ebenfalls einen neuen V8 heraus. Bisher schien Chevrolet die Marke eines Käuferkreises zu sein, für den ein Automobil mehr ein Transportmittel als ein Weg zur Selbstbestätigung war. Seit 1929 war die Marke einem robusten und vielbewährten Reihen-Sechszylinder treu geblieben, der aber für eventuelle Leistungssteigerungen weniger geeignet war, wie sein Einbau in die erste Corvette bewiesen hatte. Man bedachte ihn daher mit ironischen, wenn auch wohlmeinenden Spitznamen wie »Stovebolt Six« (der verbolzte Sechszylinder) oder »Cast Iron Wonder« (das kleine gußeiserne Wunderwerk). Kurz und gut, wenn die Jugend auf Ford schwor, so schworen die Eltern auf Chevrolet. Das Erscheinen des Chevrolet 1955 brachte diese Hierarchie durcheinander.

Neu war an dem Letztgeborenen der Marke vor allem der Motor, ein unter der Leitung Ed Coles, des Präsidenten der Firma und zukünftigen Präsidenten von GM entwickelter V8. Es war kein gewöhnliches Triebwerk. Dank neuartiger Gießereiverfahren besaß der Block ultradünne Wände und wog 20 kg weniger als der Sechszylinder. Eine andere gewichtsmindernde Neuheit waren die aus Stahl gefertigten, nicht mehr auf einer gemeinsamen Welle, sondern einzeln montierten Kipphebel. Dank dieser Gewichtseinsparung im Ventiltrieb und einem überquadratischen Bohrung/Hub-Verhältnis (95×76 mm) war der neue Motor besonders drehfreudig. Mit einem Doppelvergaser erreichte er eine Leistung von 160 PS, die sich mit einem Vierfachvergaser auf 180 PS erhöhte.

Oben und links: Werbephotos für den Chevrolet »Bel Air« von 1957 im Geschmack der »fifties«.

Rechte Seite: Heckflossen, Panoramafenster und massiger verchromter Kühlergrill: Der Chevrolet Baujahr 1957 ist ein typischer Vertreter der amerikanischen Automobilmode der 50er Jahre.

Classic Chevy Club
SPORT COUPE
OCH 7

Das »Bel Air«-Cabriolet aus dem Jahr 1957 mit einer trotz zahlreicher Chromteile wohlproportionierten Karosserie. Der Einspritz-V8 der Corvette war auf Wunsch erhältlich.

Chevrolet
FORT WAYNE
DON AYRES

Dieses temperamentvolle Triebwerk wurde von Harley Earl in ein Modell mit sportlich-aggressiver, rassiger Karosserie eingebaut, das einen Kühlergrill im reinsten Ferrari-Stil besaß. Die Chromteile blieben diskret und selbst die Panorama-Windschutzscheibe störte nicht im Erscheinungsbild. Es war zweifellos das bisher gelungenste Modell der Chevrolet-Firmengeschichte.

Für die Kraftübertragung sorgte ein mechanisches Dreiganggetriebe mit Lenkradschaltung oder ein »Powerglide« genannter Zweigangautomat, der Tom Mac Cahill zu folgendem Vergleich anregte: »Er fährt sich wie ein Boot mit Außenbordmotor auf einem Sirupteich«. Konsequenz: Echte Kenner wählten die erste Lösung mit einer der zahlreichen, von Zubehörhändlern schleunigst angebotenen Versionen der Mittelschaltung.

Im übrigen war die Chevrolet-Mechanik unverändert geblieben, abgesehen von dem Antriebswellenrohr, das durch eine freiliegende Antriebswelle ersetzt worden war. Chevrolet hatte das klassische Modellangebot – zwei- oder viertürige Limousine, Coupé, Cabriolet, Kombi- oder Station-Wagon – durch einen originellen, »Nomad« genannten Luxus-Kombi erweitert. Es war das teuerste Modell der Baureihe mit dem 180 PS leistenden V8 und allen nur erdenklichen Ausstattungsraffinessen. Der Nomad hatte nur zwei Türen, aber ein Heck mit großzügig bemessener Glasfläche. Er war für die Kundschaft der eleganten Vororte bestimmt und wurde auch gebührend bewundert, fand aber nur wenig Abnehmer: 8500 für das ganze Jahr 1955.

Aber der Nomad war nur ein Tropfen im Meer der 1700000 im gleichen Jahr verkauften Einheiten der Marke Chevrolet, die mit dieser Verkaufsziffer nicht nur alle anderen Marken weit übertraf, sondern auch ihren eigenen Rekord verbesserte. Dabei hatte der V8 einige Schwächen gezeigt. Der Ventiltrieb erwies sich als bruchempfindlich, sobald die Drehfreudigkeit des Motors zu stark strapaziert wurde. Gerüchten zufolge kamen die Ventilstößel vor den Augen der verblüfften Fahrer durch die Motorhaube hindurch. Um dem beizukommen, entwickelten die Ingenieure von Chevrolet hydraulisch betätigte Ventilstößel, die aber auch ihre Tücken hatten. Bei allzu heftigem Gasgeben neigten sie dazu, den Dienst zu quittieren, was zum großen Schrecken der Teilnehmer der »Stop-Light Grand Prix«-Rennen einen plötzlichen Leistungsabfall zur Folge hatte.

Für die folgende Saison 1956 wurde die Karosserie unverändert gelassen, mit Ausnahme des die gesamte Frontbreite einnehmenden Kühlergrills und kunstvoller ausgeführter Rücklichter. Damit war der Eindruck eines »Ferrari-à-l'américaine« verschwunden, ohne daß die ausgewogenen Proportionen oder die harmonische Linienführung darunter gelitten hatten. Was die Anhänger der Marke aber vor allem interessierte, war der für dieses Modell wahlweise angebotene Corvette-Motor mit zwei Vierfachvergasern, einer von Duntov entwickelten Spezial-Nockenwelle und einer Leistung von 225 PS. Aber auch das half nichts: Ford blieb auch in diesem Jahr mit 1200000 verkauften Exemplaren gegen 900000 für Chevrolet die meistgekaufte Marke Amerikas. Die Produktion des neuen »Nomad«, die enttäuschend angelaufen war, sank weiter auf 8000 Einheiten.

Die Chevrolet-Modelle des Jahres 1957 nehmen in der Automobilgeschichte der 50er Jahre einen besonderen Platz ein, ohne daß sich ihr Vorjahrs-Erscheinungsbild wesentlich geändert hatte. Die

Marke blieb dem Dreijahreszyklus treu, während Ford oder Chrysler die Karosserien ihrer Modelle jedes Jahr modernisierten. Allerdings hatte Harley Earl für die Saison 1957 Front- und Heckpartien überarbeitet. Die horizontal verlaufenden, kantig profilierten hinteren Kotflügel im charakteristischen Heckflossen-Stil endeten in raketenförmigen Heckleuchten. Der Kühlergrill mit seinen verchromten Handgranaten-Leuchten im Cadillac-Stil war noch breiter und wuchtiger als im Vorjahr. Auch auf der Motorhaube waren diese an Raketen oder Granaten erinnernden, aggressiv wirkenden Stilelemente zu finden. Trotz dieser Teilmodifikationen besaßen die Chevrolet 1957 eine harmonisch wirkende, einheitliche Linienführung.

Bedeutender waren die Neuerungen in punkto Mechanik. Der aufgebohrte V8 besaß jetzt einen Hubraum von 4,6 l. Wie im Vorjahr stand der Corvette-Motor gegen Aufpreis auch für die Touren-Versionen zur Verfügung. Dieser Motortyp hatte eine »Rochester«-Benzineinspritzung und eine vom Motoren-Magier Duntov entwikkelte Nockenwelle erhalten. Wie Werbebroschüren betonten, erreichte er damit eine Leistung von 1 SAE-PS (Society of Automotive Engineers) pro Kubik-Zoll (1 cu in = 16,4 cm^3), was bei einem Hubraum von 4,6 l (283 cu in) einer Leistung von 283 PS entspricht (gute 60 PS pro Liter).

Dieser Motor war ein kostspieliges Privileg, denn damit verteuerte sich der Chevrolet um 500 Dollar, was etwa 25% des Anschaffungspreises bedeutete. Deshalb wurde ihm der V8 mit zwei Vierfachvergasern vorgezogen, der auch beachtliche 270 PS entwikkelte.

Im »Chevy« 1957 kamen Ästhetik und Leistung in vollkommener Harmonie zum Ausdruck – die Leistung hielt, was das Äußere versprach. Aber auch 1957 blieben die Verkaufsziffern Chevrolets hinter denen Fords zurück, der größere und attraktivere Modelle anbot. Im folgenden Jahr wurde der »Nomad«, der 1957 nur 6500 Abnehmer gefunden hatte, vom Programm gestrichen. Chevrolet brachte 1958 ebenfalls längere, breitere und schwerere Modelle heraus. Die besonders gelungenen Modelle von 1957 gehörten damit endgültig der Vergangenheit an.

Oben: Die viertürige Limousine »Bel Air«, das erfolgreichste der 19 Modelle zählenden Chevrolet-Baureihe 1957.

Unten: Der für eine wohlhabende Elite-Kundschaft konzipierte luxuriöse Kombi »Nomad« war das seltenste und teuerste Modell der gesamten Baureihe, das 1957 nur 6500 Abnehmer fand.

EDSEL

Der Name Edsel, synonym mit Mißerfolg, wird heute in den Wirtschafts-Hochschulen als negatives Beispiel angeführt. Geschäftsleute gebrauchen bei der Erwähnung eines Fehlschlags in ihrer beruflichen Laufbahn die Redewendung »das war ein Edsel«. Wie schon im Kapitel über Ford erwähnt, verdient Edsel Ford einen besseren Nachruf.

Edsel war der Beiname Edsel Ruddimans, eines Kindheitsfreundes Henry Fords, der später Fords Schwester Margaret heiratete und Mitglied der Familie Ford wurde. Die beiden Männer blieben enge Freunde und als Henry seinen zweiten Sohn bekam, nannte er ihn zu Ehren seines Freundes ebenfalls Edsel. Als Edsel erwachsen wurde, zeigte er Qualitäten, die aus ihm einen würdigen Nachfolger seines Vaters hätten machen können, wenn Henry Ford in seinem Sohn nicht den Rivalen gesehen hätte. Auch charakterlich unterschieden sich die beiden Männer voneinander. Edsel war geselliger und kultivierter als sein Vater, der im Grunde seine Abstammung von irischen Bauern nicht verleugnen konnte. Der Rücktritt vom

Präsidentenamt 1918 zugunsten seines Sohnes war nur ein Trick, um die Aktien unter der Hand zum niedrigsten Kurs aufzukaufen und mit der Aktienmehrheit die Firma alleine zu dirigieren.

Die im Konkurrenzkampf mit Chrysler und GM notwendigen Neuerungen mußten mit List und Diplomatie durchgesetzt werden. Wie sich der Leser erinnern wird, starb Edsel 1943 im Alter von 49 Jahren an den Folgen einer Krankheit, die er sich durch die nichtpasteurisierte, von der Modellfarm seines Vaters stammende Milch zugezogen hatte. Nur unter dem Druck der Familie und mit Einverständnis der Regierung überließ der 80jährige Henry Ford den Präsidentensessel Edsels ältestem Sohn, Henry Ford II.

Das Weitere ist bekannt: Henry II und seine »Whizz Kids«, zu denen der spätere Außenminister Robert Mc Namara zählte – 1955 Vize-Präsident der Firma – lancierten das größte Projekt der Firma seit Kriegsende: Die Gründung einer neuen Marke.

Der Entschluß, eine neue »Abteilung« innerhalb der Ford Motor Company zu gründen, wurde 1955 gefaßt. Die neuen Modelle sollten als Mittelklasse-Fahrzeuge eine Lücke im Modellprogramm zwischen den populären Ford und den luxuriösen Repräsentanten der Marken Lincoln-Mercury füllen. Auf diesem, in voller Entfaltung befindlichen Marktsektor waren Firmen wie Buick, Pontiac oder Dodge mit einer Produktion von über 2 Millionen Exemplaren pro Jahr vertreten. Ford konnte nur seine Mercury vorweisen, die in dieser Kategorie die obere Preisgrenze darstellten. Es schien, daß nur eine neue Marke in der Lage war, den Platz zwischen den beiden Extremen der Ford'schen Modellpalette mit optimalem Resultat einzunehmen.

Der Vorstoß der Firma auf einen neuen Marktsektor war Anlaß zu einer strategischen Organisation von Ausmaßen, die nur mit der Landung der Alliierten in der Normandie verglichen werden kann. Millionen Dollars wurden ausgegeben, noch bevor der erste Edsel das Werk verließ. Man hatte alles geplant – zahllose statistische Erhebungen, Meinungsumfragen und Motivforschungen sollten den Erfolg des neuen Modells garantieren. Es war das marktgerech-

Es ist nicht leicht, bei diesem Edsel-Ranger von 1959 einen günstigen Blickwinkel zum Fotografieren zu finden.

Rechte Seite: Vor 25 Jahren hatte die Firma die gewisse Probleme bei der Aufnahme ihrer Werbephotos.

Unten: Der Edsel-Limousine von 1959 fehlte das gewisse Etwas, das den Vorjahres-Basisentwurf ausgezeichnet hatte.

Nächste Doppelseite: Der Edsel »Citation« als Cabriolet war das Spitzenmodell der Baureihe 1958. Mit einer Gesamtproduktion von nur 1000 Exemplaren ist es heute eine Rarität.

Kleines Bild: Ein Einführungsphoto des Edsel Baujahr 1958 mit dem Titel: »Die Familie Ford erhält Zuwachs: Das neue Mitglied ist ein bemerkenswertes Auto«. Bemerkenswert war es in der Tat…

58 MAXS

This is the EDSEL
"A remarkable new automobile joins the Ford family of fine cars"
EDSEL
NOW AT YOUR EDSEL DEALER
As appearing in Life Magazine, September 9, 1957

teste aller je unter Berücksichtigung der bestehenden Nachfrage konzipierten Automobile. Sogar der Namenswahl waren monatelange Recherchen vorausgegangen. Schon gleich zu Anfang war beschlossen worden, das Auto nicht Edsel zu nennen – Henry II wollte die durch den Namenszug Edsels auf den Radkappen automatisch hervorgerufene Gedankenverbindung mit seinem Vater vermeiden. 6000 Namen wurden zusammengestellt und einer repräsentativen Auswahl potentieller Käufer zum Testen vorgelegt. Ford sicherte sich sogar die Mitarbeit einer in Brooklyn lebenden New Yorker Dichterin namens Marianne Moore, die auf Namen wie »Silver Sword«, »Resilient Bullet«, »Varsity Stroke«, »Andante Con Moto«, »Turcotinga« oder »Utopian Turtletop« verfiel, die alle gleich bei der ersten Durchsicht verworfen wurden. Schließlich entschied man sich für »Ranger«, »Pacer«, »Corsair« und »Citation«, die Ernest Breech, dem Präsidenten von Ford, vorgelegt wurden. Breech gefielen sie nicht sonderlich, weshalb er schließlich beschloß, die Marke doch Edsel zu nennen. Es gelang ihm, Henry II mit dem Argument zu überzeugen, daß Vater und Bruder diese Anerkennung wohl verdient hätten.

Die vier zuletzt gewählten Namen bezeichneten schließlich die 4 verschiedenen Versionen der Edsel-Typen: Die Ranger und Pacer waren die wirtschaftlichen Modelle, die das Ford-Chassis (Radstand 3 Meter) und den »kleinen«, 303 PS leistenden 5,9 l-V8 erhielten. Edsel-Corsair und Citation vertraten die obere Preisklasse mit dem Mercury-Chassis (Radstand 3,15 m) und dem großen 6,7 l-V8, der 345 PS leistete. Das Automatikgetriebe »Tele-Touch« wurde auf höchst originelle Weise mittels zweier in der Lenkradnabe befindlicher Drucktasten bedient. Der Walzen-Tachometer knüpfte an eine alte amerikanische Tradition an, die in die Zeit der Stewart-Zähler vor dem ersten Weltkrieg zurückreicht.

Die vom Stilisten Roy Brown entworfenen Karosserien hatten offenkundige Mängel, aber auch verschiedene Qualitäten. Die Mängel waren die der meisten amerikanischen Autos jener Epoche: Ausladende Proportionen, schwerfälliger, überladener Stil, zusammenhangloses Styling. Der Edsel sah aus, als bestünde er aus nicht zueinander passenden Teilen, die man recht und schlecht zusammengefügt hatte. Vor allem im Profil gesehen wirken die großflächigen Metallteile, bei denen man vergeblich nach einer stilistischen Idee sucht, einfallslos und unelegant. Dabei hatte sich Roy Brown um Originalität bemüht: Mit seinem schmalen, senkrechten Kühler und den waagerechten Heckleuchten – im Gegensatz zu der damaligen Mode – konnte der Edsel unmöglich mit einem anderen Modell verwechselt werden. Diese Mischung aus Bizarrerie und schlechtem Geschmack ist heute als moderne Kunstrichtung unter dem Namen »Kitsch« von einigem Interesse.

Oben rechts: Der unverkennbare Kühlergrill des Originalentwurfs von 1958.

Oben: Das Instrumentenbrett eines Edsel »Ranger« von 1959.

Der Edsel wurde im September 1957 vorgestellt. Die Baureihe bestand aus zwei- oder viertürigen Limousinen mit oder ohne Mittelpfosten, einem Kombi und einem Cabriolet. Die Karosserie löste nicht nur ironische Kommentare aus, und die Kritiker gaben zu, daß der Edsel ein komfortables und leistungsstarkes Modell der großen amerikanischen Tradition war. Ford hatte im ersten Jahr mit einem Verkauf von 100000 Exemplaren gerechnet, aber im Erscheinungsjahr 1958 fanden nur 63000 Edsel Abnehmer – darunter 2800 Cabriolets und 6500 Kombifahrzeuge.

Ursächlich dafür waren nicht nur die einfallslose Karosserie und der Kühlergrill in Form eines Kummets für Zugpferde, sondern die Krise, in der sich die gesamte amerikanische Automobilindustrie vorübergehend befand. Der Publikumsgeschmack änderte sich langsam, und diese Entwicklung führte bald darauf zum Erscheinen der ersten »Kompaktautos«.

1958 war trotz aller Kritik das beste Jahr für die neue Marke gewesen. Das Modell der nächsten Saison hatte neu entworfene Heck- und Frontpartien erhalten. Der Kühlergrill war in der Front integriert und das Auto hatte das seltsame Äußere eines mit Saugnäpfen ausgestatteten Meeresbewohners verloren, das den Originalentwurf ausgezeichnet hatte.

Es gab nur noch die Modelle Ranger und Corsair. Der 6,7 l-V8 war gestrichen worden. Außer der 5,9 l-Version bot die Marke Edsel zwei weitere V8-Triebwerke mit jeweils 5,4 und 4,8 l Hubraum an, sowie einen 3,65 l großen Sechszylinder. 1959 belief sich die Produktion auf 45000 Exemplare.

Die Edsel der Saison 1960 waren nicht wiederzuerkennen. Sie sahen aus wie ihre Ford'schen Schwestermodelle »Galaxie« mit weggelassenem Kühlergrill. Bei Ford bereitete man sich sichtlich darauf vor, das Handtuch zu werfen. Die Produktion hatte mit 2846 Exemplaren (darunter befanden sich 76 Cabriolets) ein für Ford'sche Verhältnisse unhaltbares Niveau erreicht. Ende des Jahres 1959 wurde die Firma Edsel aufgelöst. Der Wunsch Henrys II, den Namen seines Vaters nicht in millionenfacher Ausführung auf den Radkappen der Edsel-Modelle zu sehen, hatte sich auf unerwartete Weise erfüllt. In zweijähriger Produktionsdauer waren nur 110847 Edsel-Versionen gebaut worden.

Links: Das Edsel-Cabriolet »Citation« war u.a. mit einem Flugzeugträger verglichen worden. Ein verständlicher Vergleich, wenn man es aus diesem Blickwinkel betrachtet...

THUNDERBIRD

Die Ford Thunderbird waren leichte, unkompliziert gebaute und dank ihres famosen V8 relativ leistungsstarke Modelle, deren Fahrleistungen lange Jahre über dem Durchschnitt der anderen amerikanischen Autos lagen. Dabei hatte die Firma aus Dearborn bis Anfang der 50er Jahre noch kein einziges Modell herausgebracht, das die Bezeichnung Sportwagen wirklich verdiente… bis Ford den Thunderbird vorstellte. Ford hatte nach dem Krieg den Kampf gegen seinen alten Rivalen Chevrolet mit frischen Kräften wieder aufgenommen. 1949 gewann er für kurze Zeit die Oberhand, mußte aber bald wieder seine Führungsposition aufgeben. Der Kampf der Titanen fing in den 50er Jahren erst richtig an.

1953 hatte Chevrolet die Corvette vorgestellt, und Ford damit ebenfalls zum Bau eines eigenen Sportwagens angeregt. Auf dem Papier bestand das Projekt schon lange Jahre, aber die Entwicklungsarbeiten waren immer wieder hinausgeschoben worden. Im Grunde war das Erscheinen der Corvette wie auch das des Thunderbird einige Monate später die Reaktion auf eine Marktlücke und auf eine echte Nachfrage der Kundschaft, bei der Chevrolet seinem Rivalen nur um eine Nasenlänge voraus gewesen war.

Unten links: Klare und schlichte Linien zeichneten den Original-Thunderbird von 1955 aus, der hier mit Hardtop zu sehen ist.

Unten: Waagerecht verlaufende Kotflügel, ein Kühlergrill im Ferrari-Stil und runde Heckleuchten wie bei den Ford-Limousinen waren die Hauptmerkmale des Thunderbird-Cabriolets von 1955.

Rechts: Aus diesem Blickwinkel gesehen gleicht der Thunderbird mehr den Ford-Modellen als den Ferrari. Zahlreiche Bauteile stammten von der Ford Limousine »Fairline«.

Die Version 1958 des Thunderbird hatte außer seinem Namen nichts mehr mit dem Basismodell von 1955 gemein. Sie hatte sich in ein luxuriöses viersitziges Cabriolet ohne sportliche Ambitionen verwandelt.

Die in Europa stationierten GI's hatten eine Rasse von Automobilen kennen gelernt, die in den USA schon lange vor ihrer Geburt verschwunden war. Nach ihrer Rückkehr in die Heimat sorgten sie für einen spektakulären Anstieg der Importquote von Sportwagen wie MG, Jaguar und Porsche, eines damals unbedeutenden Marktsektors, der für die drei Großen keine direkte Konkurrenz bedeutete. Die rund 10000 jährlich vom Kontinent importierten Autos waren genau der Gegenwert dessen, was die amerikanische Automobilindustrie an einem einzigen Tag produzierte! Aber das Prestige durfte nicht vergessen werden: Die Sportwagen fielen im Straßenbild auf und nahmen in den Gemütern einen im umgekehrten Verhältnis zu ihrem Importvolumen stehenden Platz ein. Außerdem stellte die heute MG fahrende und Jaguar bewundernde Jugend die potentiellen Kunden von morgen dar. Zehn Jahre später verdankte der Ford Mustang seine Existenz den gleichen Überlegungen.

Zu Beginn der 50er Jahre hatte man in Detroit von Sportwagen nur eine sehr vage Vorstellung, was die ersten Corvette bewiesen, die aussehen, als seien sie aus einer in den Hollywood-Filmstudios vollzogenen Nachbildung der Le Mans-Rennwagen hervorgegangen. Diese Fehler wurden beim Thunderbird vermieden. Die Ankunft Henry's II und seiner Whizz Kids hatte frisches Blut in die Firma gebracht und den Schöpfergeist erneuert.

Der Thunderbird, den die Besucher der Ausstellung in Detroit im Februar 1954 bewunderten, war im wesentlichen eine verkürzte und niedrigere Version der einige Monate später eingeführten »Fairlane«-Limousine. Die Firma, der es an Mitteln zur Entwicklung eines völlig neuen Modells fehlte, hatte daher ein Maximum an vorhandenen Bauteilen wiederverwertet. Dieser Entschluß hätte zu einer Katastrophe führen können, war aber beim Thunderbird ein Erfolgsfaktor gewesen. Die gerade verlaufenden Kotflügel, der Ferrari-Kühlergrill, die Panorama-Frontscheibe und die runden Scheinwerfer waren die gleichen wie beim Fairlane. Seine klaren, gestreckten Linien gaben dem Thunderbird jene sportliche Note, die der Corvette trotz deren Scheinwerfer-Schutzblenden gegen Steinschlag fehlte. Nebenbei bemerkt hatte die Namenswahl in ganz Detroit Bestürzung ausgelöst, denn GM wollte unter dieser Bezeichnung einen in Entwicklung befindlichen Versuchs-Prototyp herausbringen, der schließlich »Firebird« genannt wurde.

Der Thunderbird besaß noch einen anderen Trumpf, mit dem die Corvette nicht aufwarten konnte: Anstelle des ausgedienten, an seiner Leistungsgrenze angekommenen Chevrolet-Sechszylinders besaß der Ford einen im Vorjahr eingesetzten, modernen V8, der auch die Mercury der Saison 1955 antrieb. Das Werk kündigte eine Leistung von 200 PS (bei einem Hubraum von 4,8 l) an, mit der der Thunderbird eine Höchstgeschwindigkeit von 180 km/h erreichte (gegen die 160 km/h der Corvette).

Die Serienproduktion lief erst im September 1954 an. Der Verkaufspreis wurde – mit serienmäßigem Hardtop, aber ohne Verdeck! – auf 2695 Dollar festgesetzt. In Wirklichkeit war es im

Einklang mit der damaligen Mode praktisch unmöglich, ein einsatzbereites Fahrzeug zum Ausgangspreis zu kaufen. Mit den unentbehrlichen Zusatzangeboten mußten zwischen 3000 und 4000 Dollar zusätzlich hingeblättert werden.

Mit 16500 im ersten Jahr verkauften Exemplaren lag der Thunderbird weit vor der Corvette, die seit ihrer Einführung mit Absatzschwierigkeiten zu kämpfen hatte.

Die Thunderbird 1956 zeichneten sich durch ihr nach dem Vorbild der Vorkriegs-Lincoln »Continental« zwecks Platzersparnis außen am Kofferraum angebrachtes Reserverad aus. Der Thunderbird gewann damit ein Kennzeichen, aber dieses über die Achse hinausragende, zusätzliche Gewicht verschlechterte die Straßenlage. Eine weitere Besonderheit waren die zur Verbesserung der Sichtverhältnisse schräg nach hinten in den Dachpfosten des Hardtops eingelassenen Sichtöffnungen. Der auf 5,2 l aufgebohrte V8 leistete jetzt 215 PS. Trotzdem verzeichnete Ford einen leichten Nachfragerückgang: 15631 verkaufte Thunderbird – aber die Corvette lag immer noch weit zurück!

Das Modell 1957 besaß nach dem Vorbild der Heckflossen der Limousinen stärker profilierte Stilelemente auf den hinteren Kotflügeln. Es gab auch einige Gadgets: Beim Abstellen des Motors rückte der Sitz automatisch nach hinten, um Platz zum Aussteigen zu lassen. Um das Betriebsgeräusch des Motors zu übertönen, paßte sich die Lautstärke des Radios automatisch dem Drehzahlniveau an. Ein Ansaugkrümmer mit zwei Vergasern erhöhte die Leistung auf 270 PS. Einige Exemplare erhielten sogar einen V8 mit hinzumontiertem »Paxton«-Kompressor, mit dem die Leistung auf 340 PS anstieg. Da der Nachfolger auf sich warten ließ, blieb die Version 1957 15 Monate lang in Produktion und erreichte ein Verkaufsvolumen von 21380 Exemplaren. 1957 entstanden die letzten zweisitzigen Originalmodelle, die einzigen echten, unersetzlichen »T-Bird«.

Obwohl die Nachfrage das anfänglich gesetzte Ziel von 10000 Exemplaren jährlich weit übertroffen hatte, war die Thunderbird-Baureihe für Ford kein einträgliches Geschäft gewesen. Im Grunde war er schon bei seiner Einführung zu diesem Schicksal verurteilt gewesen: Man wußte bei Ford, daß die Nachfrage nach zweisitzigen Sportwagen nur gering war, deshalb wartete die T-Bird-Version von 1958 mit vier Sitzplätzen auf – hatte aber mit dem Basisentwurf nur noch den Namen gemein. Seine wuchtige Karosserie mit den Doppelscheinwerfern und den doppelten Heckleuchten zeigte große Ähnlichkeit mit den anderen Limousinen der Marke. Die Heckleuchten waren auf ein Gitter montiert, das ein Gegenstück zum Kühlergrill darstellte. Der Dachaufbau war bei weitem das Originellste an der 1958er Version. Die Stylisten hatten sich am Entwurf inspiriert, den Brook Stevens für den »Gaylord« angefertigt hatte. Dieser Thunderbird-Dachaufbau wurde seinerseits oft kopiert, vor allem von Stevens selbst, der danach den Studebaker »Gran Turismo« entwarf.

Ford hatte richtig kalkuliert: Schon im ersten Produktionsjahr wurden 35758 Thunderbird-Limousinen verkauft. Mit ihrem 300 PS starken V8 erreichten sie ähnliche Fahrleistungen wie ihre zweisitzigen Vorgänger. Vom folgenden Jahr an stand der 350 PS-V8 des Lincoln Continental auf Wunsch zur Verfügung. Nach Ablauf des traditionellen Dreijahreszyklus sollte der Thunderbird für die Saison 1961 neu entworfen werden. Doch der »Sports Roadster« blieb der letzte zweisitzige Thunderbird.

Rechts: 1961 wurde der T-Bird einer neuen Metamorphose unterzogen. Hier ist ein Cabriolet »Sports Roadster« von 1962 mit der als Extra erhältlichen Fondabdeckung zu sehen.

Unten: Der erstaunliche »Sports Roadster« aus dem Jahr 1962 mit seiner eleganten Kunststoffabdekkung über den Rücksitzen. Ohne dieses auf Wunsch erhältliche Zubehör besaß das Cabriolet unverändert vier Sitzplätze.

ELDORADO

»El dorado« heißt »der goldene Mann«, der nach einer alten Indianerlegende, mit Goldstaub bedeckt, über ein sagenhaftes, golderzhaltiges Reich irgendwo in Californien herrschte – vielleicht war es eine Vorahnung des Hollywood-Eldorado? Jedenfalls wurde der Cadillac »Eldorado«, das prachtvollste aller Automobile, mit diesem Namen bedacht.

Die 50er Jahre waren für Cadillac wirklich das goldene Zeitalter. 1953 feierte die Firma ihr 50jähriges »goldenes« Jubiläum. Ihre Markenzeichen, das V (für V8) und das Wappen, Zeichen ihres aristokratischen Charakters, waren von diesem Zeitpunkt an vergoldet. Auch die berühmtesten stilistischen Merkmale des Eldorado, die Heckflossen und die verchromten »Raketen« der Frontpartie wurden zu Markensymbolen erhoben. Harley Earl, Chefstilist bei GM, hatte sich dabei vom Jagdflugzeug des Zweiten Weltkriegs P 38 »Lightning« der Firma Lockheed inspirieren lassen, das auf ihn einen großen Eindruck gemacht hatte. Nach dem Vorbild des Lightning P 38 wurden mehrere Stilstudien angefertigt, die als Basisentwürfe für die Nachkriegs-Cadillac dienten. Seine Seiten- und Höhenruder führten zu den famosen Heckflossen und die Flugzeugnase zu den überdimensionalen stromlinienförmigen Stoßstangenhörnern. Wahrscheinlich hatte noch ein anderes Lockheed-Flugzeug, die Viermotor-Constellation, die Linienführung der Cadillac-Karosserien beeinflußt: Die elegante Rumpflinie war auf die Kotflügel des GM-Prestige-Modells übertragen worden.

Das Erscheinen der ersten Düsenflugzeuge verdrängte bei Earl schnell die Erinnerung an Propellermaschinen. Die Heckflossen wurden immer spitzer, die künstlichen Lufteinlässe immer zahlreicher, und um die Illusion zu vervollständigen, mündeten die Auspuffrohre unter den Heckflossen in Reaktordüsen ein. Auch das Cockpit der Jagdflugzeuge inspirierte »Misterearl« zum Entwurf der Panorama-Windschutzscheibe, die mit dem Verschwinden der Heckflossen ebenfalls aus der Mode kam.

Der erste Eldorado, eine modifizierte Version des Cabriolets der Serie 62, wurde 1953 vorgeführt. Der Hauptunterschied zwischen den beiden Typen war ihr Preis: Der Eldorado kostete mit 7800 Dollar fast doppelt so viel wie das Basismodell (4100 Dollar). Für diesen Preis hatte der Käufer Anrecht auf eine erstmals serienmäßig montierte Panorama-Windschutzscheibe (zur gleichen Zeit wie die Chevrolet »Corvette«) und speziell entworfene Türen mit einer als Armstütze dienenden Ausbuchtung in der Mitte, eine – sehr unzulängliche – Kopie der englischen Sportwagen. Hinzu kamen diverse Ausstattungsdetails für das Interieur, ein farblich zur Karosserie passender Verdeckschutz und alles nur vorstellbare Zubehör – von Weißwandreifen bis zum Radio mit elektronischem Sendersuchlauf. Wer will, kann zu den Extras noch das Privileg zählen, das teuerste Auto Amerikas zu besitzen.

Nach dem Eldorado wurde auch ein am Broadway aufgeführtes Theaterstück benannt: »Der Cadillac aus massivem Gold«. Der Eldorado verdiente zweifellos seinen Namen, der übrigens nirgendwo auf dem Auto zu sehen war – jeder übt eben Diskretion auf seine Weise…

Nur 532 Käufer entschieden sich im Erscheinungsjahr für den Eldorado; wahrscheinlich unterschied er sich nicht genug von den anderen Modellen, um die Preisdifferenz zu rechtfertigen – dabei verdankte die gesamte Baureihe ihr Prestige diesem Basismodell von 1953.

Im folgenden Jahr erhielten alle Modelle serienmäßig die Panorama-Windschutzscheibe. Der Eldorado unterschied sich vom Serien-Cabriolet nur noch durch diverses Zubehör, wie z.B. durch das verchromte Bremspedal. Jedenfalls war der Cadillac von seinen luftigen Preishöhen herabgestiegen und konnte für nunmehr 5750 Dollar erstanden werden. Das blieb nicht ohne Wirkung auf die Absatzquote, die 1954 auf 2150 Exemplare anstieg. Inzwischen hatten sich auch äußerlich ähnliche Rivalen wie der Packard »Carribean« oder der Buick »Skylark« eingefunden – aber wie Oscar Wilde sehr richtig sagt, ist die Imitation die ehrlichste Form der Schmeichelei.

Wahrscheinlich fand man bei Cadillac, daß sich der Eldorado den anderen Modellen inzwischen wirklich zu weit angepaßt hatte, und betonte daher im nächsten Jahr erneut und mit Vehemenz den Unterschied an Hand spitzer, über doppelten Heckleuchten in stromlinienförmigen Verkleidungen emporragender Heckflossen. Die restliche Karosserie unterschied sich nicht von der des Cabriolets, dafür war der Motor überarbeitet worden und verzeichnete mit 270 PS einen Leistungsanstieg von 20 PS im Vergleich zum Basis-V8. 1955 stieg die Nachfrage auf 3950 Exemplare.

1956 wurden vom Eldorado gleich zwei Versionen abgeleitet: Das Basis-Cabriolet hieß jetzt »Biarritz« und hinzu kam ein »Séville«

Oben: Der Cadillac Eldorado Biarritz mit seinem Chromballast und seinen Heckflossen ist der typischste Vertreter der amerikanischen Automobilmodelle der 50er Jahre. Das hier gezeigte Cabriolet »Biarritz« von 1959 stellt den Höhepunkt der von Harley Earl nach dem Krieg eingeführten Mode dar.

Rechts: Blick in das Interieur eines Eldorado Biarritz, das im Vergleich zum Exterieur fast schmucklos scheint.

genanntes Coupé (mit französischer Rechtschreibung, als Gegenstück zum Coupé »de Ville«). Wieder unterschieden sich die beiden neuen Modelle nur geringfügig von den anderen Cadillac: Ein auf der Haube angebrachtes, vom Vorkriegsmodell »Cocotte« der Marke Voisin inspiriertes Zierteil, Leichtmetallräder und fehlende hintere Radabdeckungen waren die sichtbaren Zeichen dafür, daß der Eldorado-Eigner für sein Auto 1500 Dollar mehr bezahlt hatte, als sein ebenfalls Cadillac fahrender Nachbar. Das Coupé »Séville« fand gleich zu Anfang mit 3900 Bestellungen größeren Anklang als das Cabriolet (2150 Käufer). 1957 wurde die Leistung der Eldorado-Motoren auf 300 PS (SAE) erhöht – auf Wunsch sogar auf 325 PS. Die Front der neuen Versionen unterschied sich durch nichts von den gewöhnlichen Modellen mit ihren an die Kühlerspitze hochverlegten scharfkantigen Stilelementen, die aussahen, als stießen die Eckzähne Drakulas durch die Haube hindurch. Das Heck wies ganz neue Linien auf: Kotflügel und Kofferraumdeckel waren in einem einzigen, abgerundeten Bauteil zusammengefaßt, auf dem sich zwei wie Messer in einem Butterklumpen steckende, spitze Heckflossen befanden. Dieser etwas einfallslose Entwurf paßte schlecht zum restlichen Erscheinungsbild, aber das schien die Anhänger der Marke nicht abzuschrecken: 1957 fanden 3900 Exemplare des Eldorado Abnehmer. Im gleichen Jahr brachte Cadillac den sagenhaften Eldorado »Brougham« zum Preis von 13000 Dollar heraus, der damit doppelt so teuer war wie das Schwestermodell »Séville«. Der neue Cadillac, der mit dem Lincoln Continental »Mark II« rivalisieren sollte, hatte nach zweijähriger Produktionsdauer nur eine Absatzquote von 704 Exemplaren erzielt. Die letzten Abstimmungsarbeiten an seinem diabolisch komplizierten Luftfederungssystem waren nie durchgeführt worden, weshalb es auf die Kunden wohl ebenso abschreckend wirkte, wie sein extravaganter Verkaufspreis. Bis 1960 wurden bei Pininfarina in Italien 200 weitere Brougham gebaut. Trotz des Preisunterschiedes bedurfte es eines geübten Auges, um die Coupés Séville und Brougham voneinander zu unterscheiden, und der Käufer eines Eldorado mußte mehr denn je von der Nützlichkeit seiner Mehrinvestition überzeugt sein.

Im folgenden Jahr warteten die Eldorado mit einer Leistung von 310 und 335 PS auf. Die Karosserie machte immer noch den Eindruck, als habe man sie aus zwei verschiedenen Modellen zusammengebaut. Die Front war zwar überarbeitet worden, aber sie wirkte noch barocker und überladener als zuvor. Das Heck besaß noch unverändert seine Hamsterbacken-Linienführung. Der Enthusiasmus der Kundschaft zeigte eine klar rückläufige Tendenz – nur 1670 Unerschütterliche kauften die neue Version des Eldorado. Ob der Untergang der Flügel- und Flossen-Mode gekommen war?

Oben: Der Fledermaus-Stil der Cadillac Baujahr 1959 tritt bei der Schwarzlackierung besonders deutlich hervor. Hier ist eine Fleetwood-Limousine ohne mittleren Türpfosten zu sehen.

Oben rechts: Eine Fleetwood-Limousine von 1959. Als Folge des ständigen Hinzufügens dekorativer Stilelemente glaubt man schließlich fast, doppelt zu sehen.

Rechts: Das gleiche Modell mit seinem Pseudo-Kühlergrill im Heck. Fast könnte man vorne und hinten verwechseln – aber die pfeilförmigen Heckflossen zeigen die Fahrtrichtung an!

Zweifellos, aber es wurde ein farbenfroher Technicolor-Sonnenuntergang, der in den bunten Eldorado-Versionen von 1959 seinen vollkommensten Ausdruck fand. Harley Earl erlebte 1957 die unerfreuliche Überraschung, vom Chrysler-Stilisten Virgil Exner mit eigenen Waffen geschlagen zu werden. Exner hatte noch auffälligere Heckflossen entworfen als seine eigenen, und Misterearl wollte ihm eine Lektion erteilen. Die Modellreihe 1959 von General Motors stellte folglich das außergewöhnlichste Aufgebot flügel- und flossenförmiger Elemente zur Schau, das seit dem Aussterben der prähistorischen Fauna je gesehen wurde. Das ging von Haifischen bis zu Fledermäusen, ohne die Flugzeugrümpfe der Düsenjäger zu vergessen, die dem Herzen des großen Harley besonders nahe standen. Die Cadillac von 1959 sahen aus, als wären sie aus Flugzeugrümpfen der US-Air-Force-Überschüsse zusammengebaut worden – zwei pro Auto! Jeder mit seiner Reaktordüse und seinem Höhenruder, das an den Eckpfosten der Windschutzscheibe ansetzte und in eine zweikantige Heckflosse auslief. Die in ihrer Mitte befindlichen doppelten Heckleuchten saßen an den äußersten Enden von Formteilen, die wie Zwillingsraketen aussahen. Heck und Front besaßen jeweils einen Kühlergrill. Die Front sogar einen zweistöckigen, mit doppelten Scheinwerfern und doppelten Signaleinheiten, sodaß man den Eindruck hatte, doppelt zu sehen. Das verchromte Heckgitter war fast so imposant wie das der Front und besaß zwei in den Pseudo-Reaktordüsen untergebrachte Rückfahrscheinwerfer. Diese stilistischen Auswüchse wirkten auf den würdigen schwarzen Fleetwood-Limousinen fehl am Platz, von den traditionell auf Cadillac-Basis gebauten Leichenwagen ganz zu schweigen! So richtig paßten sie eigentlich nur zu einem einzigen Modell, dem Eldorado, dessen Karosserie merkwürdigerweise schlichter war als die des Basismodells. Einige Pseudo-Lufteinlässe und diverser Chrom-Zierrat waren verschwunden – ersetzt durch breite Chrombänder, die sich an den Flankenunterseiten bis zu den hinteren Stoßstangen hinzogen.

Nach dieser Apotheose im Styling setzte bei Cadillac im folgenden Jahr bereits eine rückläufige Entwicklung ein, die 1965 mit dem völligen Verschwinden der Flossen- und Flügel-Mode endete. Auch der Eldorado verschwand von der Bildfläche, um 1967 in der Form eines von Bill Mitchell besonders gelungen eingekleideten Frontantrieb-Modells wieder aufzutauchen.

1959 war auch Harley Earl in den Ruhestand getreten. Sein Rücktritt und das Verschwinden des Eldorado bedeutete für GM und ganz Amerika das Ende einer glorreichen Epoche.

Links: In der komplizierten Architektur des Eldorado-Kühlergrills Version 1959 finden sich genug Elemente für mindestens zwei gewöhnliche Autos.

Unten Mitte: Heckleuchten im Stil »Düsenflugzeug«, das bevorzugte Motiv des Stilisten Harley Earl. Die Heckflossen des Cadillac von 1959 sind die Apotheose einer zehnjährigen Entwicklung im Karosseriestyling.

Unten rechts: Die Einfassungen der Frontleuchten, in doppelter Ausführung wie die Scheinwerfer, waren den Reaktordüsen des Bombers Boeing B 47 nachempfunden.

Oben rechts: Die Heckflossen des Cadillac Baujahr 1959 – halbwegs zwischen Science Fiction und Comic Strips, wie ganz Amerika damals.

STUDEBAKER

Der Name Studebaker war früher als der irgendeiner anderen Marke mit der amerikanischen Fahrzeugindustrie verbunden. Schon 1852 begannen die Brüder Studebaker in South Bend/ Indiana, Fuhrwerke und Pferdewagen für die Pioniere auf dem Weg nach Westen zu bauen. Ende des Jahrhunderts war ihr Betrieb zum größten Unternehmen dieser Art in Amerika angewachsen. Im Jahr 1902 bauten die Brüder Studebaker ihr erstes elektrisch angetriebenes Kraftfahrzeug und 1904 entstand das erste Automobil mit Petroleumantrieb. Die Firma wuchs regelmäßig weiter und nahm schließlich den siebten Platz unter den amerikanischen Konstrukteuren ein. Dann kam die Wirtschaftskrise von 1929, die auch Studebaker nicht ungeschoren ließ. Die Produktion eines neuen, Erskine genannten Modells mußte eingestellt werden, und als ein zweites, wirtschaftlicheres Fahrzeug auch nicht den erhofften Erfolg brachte, wurde die Firma 1933 von zwei Liquidatoren übernommen, Paul Hoffman und Harold Vance, die sich schließlich als Retter in höchster Not erwiesen. Unter ihrer Leitung konnten die Geschäfte wieder in Gang gebracht werden, und Ende der 30er Jahre arbeitete Studebaker erneut mit Gewinn.

Ab 1936 machte sich bei den Karosserien der Marke der positive Einfluß Raymond Loewys bemerkbar, eines Stilisten, der sich durch Neuentwürfe des Gestetner-Vervielfältigers und Lokomotiven der Pennsylvanischen Eisenbahn einen Namen gemacht hatte. Raymond Loewy, gebürtiger Franzose, war 1919 nach Amerika ausgewandert. Sein Name blieb bis ans Ende untrennbar mit dem der Firma Studebaker verbunden.

1939 führte Studebaker den »Champion« ein, der als völlig neu konzipiertes, wirtschaftliches Modell der repräsentativste Vertreter der Firma wurde. Im gleichen Jahr versah Loewy alle Automobile der Marke mit einem waagerechten Kühlergrill, spitz zulaufender Motorhaube und in den Kotflügeln integrierten Scheinwerfern, die damals Aufsehen erregten. Über 100000 dieser neuartigen Autos fanden jedes Jahr Abnehmer. Mit Kriegseintritt Amerikas Ende 1941 wurden im Studebaker-Werk in Southbend Wright-Flugzeugmotoren vom Typ »Cyclone« und »Weasel«-Schützenpanzer mit Champion-Automobilmotoren gebaut. Diese Militäraufträge waren ein gutes Geschäft für die Firma, die nach dem Krieg mit gesicherter finanzieller Position neu anfangen konnte. Die ersten Nachkriegs-Studebaker waren kaum modernisierte Varianten des Champion von 1942, aber bereits im Frühjahr 1946 erschienen die neuen Modelle der Saison 1947. Die Mechanik stammte wieder vom Champion, d.h. sein 80 PS-seitengesteuerter Sechszylinder, seine »Planar«-Federung mit einzeln aufgehängten Vorderrädern und seine Leichtbauweise. Vom Stil her unterschieden sich die neuen Studebaker von allem, was seit dem Krieg auf dem Markt erschienen war. Diese neuen, unter der Leitung Loewys von einem jungen Stilisten namens Virgil Exner entworfenen Modelle begründeten den Ruf der Marke. Exner trat kurz darauf bei Chrysler ein, wo er ebenfalls von sich reden machte. Die 1947 eingeführten Studebaker wirkten bei ihrem Erscheinen wie Science-Fiction-Fahrzeuge. Der durch die neuartig modellierte Heckpartie mit einem Kofferraumprofil in Form eines Haubenhöckers, die in Fahrtrichtung weisenden Kotflügelrundungen und das breite Heckfenster entstandene Eindruck von Symmetrie warf automatisch die Frage auf, wo denn vorne und hinten sei. Die zahllosen Witze, die darüber gemacht wurden, sicherten die Popularität des neuen Studebaker. Die Jahresproduktion stieg bald auf 200000 Exemplare an. Dank ihrer

Links: Ein Studebaker »Modell G« aus dem Jahr 1906, zwei Jahre nach dem ersten Kraftfahrzeug der Marke mit Petroleumantrieb.

Oben rechte Seite: Das Cabriolet »Commander« von 1929 stammt aus einer wirtschaftlich günstigen Epoche vor der Rezession.

Unten rechte Seite: Ein 1949 herausgebrachter Champion mit einer 1946 von Raymond Loewy entworfenen evolutionären Karosserie.

21
OVY 757P

modernen Konzeption blieb die Version 1947 ohne Verkaufseinbußen bis 1950 unverändert. Dann wandte sich Studebaker erneut an Raymond Loewy, der eine noch aggressivere Front mit raketenförmigem Zentralmotiv entwarf. Eine neue Vorderradaufhängung und ein automatisches Getriebe vervollständigten die Metamorphose. Die Nachfrage erreichte 1950 mit 268000 Exemplaren einen noch nie dagewesenen Rekord.

In der Zwischenzeit hatten die drei Großen der Automobilindustrie ebenfalls ihre Nachkriegsmodelle herausgebracht. Ford und Chevrolet lieferten sich einen unerbittlichen Konkurrenzkampf, der kleinere Hersteller mit der Zeit in eine unhaltbare Lage brachte. Die Firma in South Bend lag weit ab vom Schuß, und die alte Pferdewagenfabrik war für moderne Fabrikationsmethoden ungeeignet. Studebaker bezahlte großzügige Gehälter, aber die veralteten Anlagen machten wirtschaftliches Arbeiten unmöglich, und langsam trat die Firma in ihre Endphase ein.

1951 fiel die Produktion trotz Einführung eines neuen V8 moderner Konzeption auf 205000 Exemplare. 1952 verschwand das Raketenmotiv, das durch eine seltsamerweise an den Basisentwurf von 1946 erinnernde, flachere Front ersetzt wurde. Damit hörten die Studebaker-Karosserien auf, zur automobilistischen Avant-Garde zu zählen. Für die Öffentlichkeit sahen sie den Modellen der 40er Jahre zum Verwechseln ähnlich.

Man wandte sich also wieder hilfesuchend an Raymond Loewy, der ein von Bob Burke, dem Chefstilisten seiner Studios entworfenes Coupé anfertigte. Es war ein Modell von niedriger Bauhöhe mit elegant-schlichter Linienführung, langgestreckten, ineinander übergehenden Kotflügeln und schmalen Belüftungsschlitzen anstelle des Kühlergrills. Ursprünglich war es als Ausstellungsmodell und daher als Einzelexemplar gedacht, aber Studebaker war es sich schuldig, etwas ganz Neues zu bieten und beschloß daher die Serienproduktion des neuen Coupés.

Die Verbindung des hervorragenden V8-Motors mit dem sensationellen Coupé Loewy's hätte eigentlich ein Bombenerfolg werden müssen. Man rechnete mit einem Verkauf von 350000 Fahrzeugen pro Jahr, in Wirklichkeit fanden 1953 nur etwa halb soviel Coupés Abnehmer, und 1954 sank die Produktion auf 82000 Exemplare. Was war geschehen?

Die Ursache der Absatzschwierigkeiten lag in der Notwendigkeit, vom Coupé eine ganze Baureihe abzuleiten, zu der auch zwei- und viertürige Limousinen und sogar ein Kombi gehörten – ein nur schwer mit dem Basiskonzept in Einklang zu bringender Karosserietyp. Bei der Vorstellung der neuen Baureihe war das Coupé unbestreitbarer Favorit, so daß die abgeleiteten Versionen bei einem Vergleich nur schlechter abschneiden konnten. Außerdem war eine direkte Konkurrenz mit den Giganten Ford oder Chevrolet nicht mehr möglich. Preislich gehörten die Studebaker von 1953 eher in die Kategorie der Buick, die ihren Erfolg ihrer stattlichen, repräsentativen Erscheinung verdankten und mit den konstruktiven Raffinessen und dem relativ schmucklosen Stil der neuen Studebaker nichts gemein hatten.

Im Bestreben, den Versionen des Jahres 1955 den fehlenden repräsentativen Anstrich zu geben, fiel den Technikern der Marke nichts Besseres ein, als den vom Studio Loewy neu entworfenen Kühlergrill ganz zu verchromen. Das Resultat war in ästhetischer aber auch in wirtschaftlicher Hinsicht katastrophal. Im folgenden Jahr machte die Firma mit den »Hawk«-Modellen einen Rückzieher,

Oben: Die 1953–54 gebauten Versionen der Marke zählten zu den elegantesten Modellen ihrer Epoche. Hier ist ein »Commander« von 1954 zu sehen.

Links: Der rassige »Golden Hawk« Baujahr 1956 war das Spitzenmodell der Baureihe und kostete 3061 Dollar.

Rechte Seite: Der »Golden Hawk« besaß einen 275 PS leistenden V8, mit dem er 190 km/h erreichte.

Links: Wieder ein »Golden Hawk« von 1956, das Prestigeauto der Marke.

Unten: Das Coupé »Avanti« war der letzte Entwurf des Stilisten Loewy für Studebaker. Mit dem werkseigenen V8 und einem »Paxton«-Kompressor erreichte es 190 km/h. Seine Produktion wurde nach 18 Monaten eingestellt und später von zwei Vertragshändlern in South Bend wieder aufgenommen. Der Avanti wird heute noch gebaut und besitzt einen Chevrolet-V8.

deren klassisch-hoher Kühlergrill von geschmackvoller, vertrauenerweckender Eleganz im Widerspruch zu ungewohnten Farbzusammenstellungen stand – wie z.B. zitronengelb und vanilleweiß. Die leistungsstarken und gut gebauten Hawk waren angenehm zu fahrende Tourenwagen.

1954 schlossen sich die Firmen Studebaker und Packard zusammen. Aus dieser Verbindung, die keinem der beiden Partner Gewinn brachte, ging der »Golden Hawk« mit einem 275 PS leistenden, 5,8 l großen Packard-V8 hervor, der dieses Spitzenmodell der Baureihe gleichen Namens im 200 km/h-Tempo vorwärtsbewegte. Trotz dieser Leistungen konnten 1956 nur 76545 Einheiten verkauft werden.

Da mit Packard am Ende des gleichen Jahres als Hersteller kompletter konkurrenzfähiger Modelle nicht mehr zu rechnen war, erhielt der Golden Hawk für die Saison 1957 eine Kompressor-Version des Studebaker-V8. Logischerweise wäre Studebaker Ende der 50er Jahre von der Bildfläche verschwunden, wenn der Erfolg des »Lark«, eines mit zwei Jahren Vorsprung vor den drei großen lancierten Kompaktautos, nicht einen Aufschub gewährt hätte.

Der Verkauf des Lark – 138000 Stück im Jahr 1959 – gestattete Studebaker, das neue Jahrzehnt mit einigen Projekten zu beginnen. Zuerst erschien die »Gran Turismo«-Version des Hawk, ein viersitziges, vom Basismodell abgeleitetes Coupé, dem die von Brook Stevens entworfene Karosserie nach zehnjähriger Existenz eine zweite Jugend verlieh.

Studebaker rief auch Raymond Loewy ein letztes Mal zur Hilfe, und zwar für den Karosserieentwurf des »Avanti«, eines Coupés mit Hochleistungscharakter, für das die Firma das Fahrwerk des Lark wieder einsetzte. Loewy und seine Mitarbeiter zeigten sich auf der Höhe, indem sie eine ihren letzten Schöpfungen gleichwertige originelle und schnittige Sport-Berlinetta bauten.

Der Avanti besaß einen 4,7 l großen V8, der mit einem »Paxton«-Kompressor eine Leistung von 240 PS erreichte. Seine GFK-Karosserie zeichnete sich durch ihren fehlenden Kühlergrill aus – die Luftzuführung befand sich unter der Stoßstange. Mit dieser leichten, strömungsgünstig gestalteten Karosserie erreichte die Sport-Berlinetta 190 km/h. Leider verzögerten Probleme mit den Zulieferfirmen den Produktionsanlauf, so daß ihr Erscheinen mit dem des Corvette Sting Ray zusammenfiel, was dem neuen Studebaker den Gandenstoß verlieh.

PONTIAC GTO

Die 60er Jahre waren ohne Zweifel eine ganz besondere Epoche. Für alle diejenigen, die sie bewußt erlebten, wird sie als eine unwiderbringlich vergangene, schöne Zeit in Erinnerung bleiben. Die Originalität dieser Epoche hatte im Karosseriebau mit den »Muscle Cars« ihre repräsentativste Ausdrucksform gefunden.

Der Leistungswettlauf hatte 1951 mit dem Chrysler-V8 »Hemi« angefangen, der seinen Namen seinen halbkugelförmigen (hemisphärischen) Brennräumen verdankte, einer technischen Lösung, die den thermodynamischen Wirkungsgrad, folglich die Motorleistung und damit die Fahrleistungen verbesserte. Mit minimalen Modifikationen erreichte die Leistung des V8 Hemi 350 PS. Wenn man ihn bis zur Grenze seiner konzeptuellen Möglichkeiten frisierte – für die Teilnahme an Dragster-Rennen beispielsweise – steigerte sich seine Leistung auf 1000 PS (SAE-PS). Dieser Motortyp debütierte 1953 in Indianapolis mit einer Leistung von 400 PS, mit der die Chrysler 300 in den Jahren 1955 und 1956 bei den NASCAR-Rennen (National Association for Stock Car Automobile Racing: für Serienwagen ausgeschriebene Wettbewerbe) dominierten. Nur das Auftauchen der Chevrolet-V8 mit Einspritzung konnte ihre Vorherrschaft ernstlich bedrohen. Dieser Kampf hätte sicher größere Ausmaße angenommen, wenn die AMA-Mitglieder (Verband der amerikanischen Automobil-Konstrukteure) nicht übereingekommen wären, ihre Rennteilnahme »auf Eis zu legen«. Die von dieser Entscheidung am meisten betroffene Marke war zweifellos Pontiac, die unter dem Antrieb ihres Präsidenten »Bunkie« Knudsen wieder ins Gespräch kommen wollte. Im Hinblick darauf war ein Programm ausgearbeitet worden, mit dem das verblaßte Markenimage wieder auf Hochglanz gebracht werden sollte. Man wollte vor allem die Jugend gewinnen, die Anfang der 60er Jahre gerade alt genug war, um sich ein neues Auto leisten zu können. Dafür gab es nur ein Mittel: Siege im Rennsport.

Knudsen beschloß, die Entscheidung der AMA zu ignorieren. Pontiac hatte 1955 einen neuen Hochleistungs-V8 eingeführt, der 300 PS erreichte und der Marke drei Jahre hintereinander – 1957–58–59 – in Daytona zum Sieg verhalf. In seiner Version »Super Duty« war der Pontiac-V8 auch auf den Dragster-Pisten unschlagbar. Neben dieser Rennoffensive bot Pontiac eine erstaunlich breitgefächerte, von den Vertragshändlern mit Garantie verkaufteg Auswahl an Motor-Tuning-Bausätzen an, mit dem Resultat, daß Pontiac auf der Liste der amerikanischen Konstrukteure vom sechsten auf den dritten Platz vorrückte. Der Kunde konnte mit diesen »Tuning-Paketen« eine zahme Limousine in einen gefährlichen Renner verwandeln. Alle Elemente der »Muscle Cars« waren damit vorhanden.

Da beschloß GM, die Rennteilnahme für Konstrukteure mit Acht und Bann zu belegen. Pontiac wurde ersucht, alle Umbausätze innerhalb von 15 Tagen aus dem Verkehr zu ziehen. Dieses Gesuch ließ Pontiac völlig ratlos. Die Firma besaß keine Möglichkeit mehr, die Politik fortzusetzen, die sich als so erfolgreich erwiesen hatte. Es war ihr untersagt, an Wettbewerben teilzunehmen und die Siege zu Reklamezwecken zu verwerten. Es mußte also ein Mittel gefunden werden, um auf Umwegen zum Ziel zu gelangen. So überredete Jim Wangers, der Leiter der Werbeabteilung, unterstützt vom unwiderstehlichen John De Lorean den Chefingenieur von Pontiac, Peter Estes, den 6,4 l-V8 in den »Tempest« einzubauen, das serienmäßig von einem Vierzylinder angetriebene kleinste Modell der Marke. Es war eine jener von Freunden der »Hot Rods« (heiße Pleuel) besonders geschätzten »Frisuren«, die aber bisher noch nie offiziell von großen Herstellern durchgeführt worden waren.

Aus dieser Premiere ging der GTO hervor, keine wirkliche Neuschöpfung, sondern eine frisierte Version des Tempest, dessen Name in der neuen Typenbezeichnung »Tempest GTO« anfangs übernommen wurde (so wie der Z-28 anfangs »Camaro Z-28 hieß). Später leitete man von den Le Mans und Catalina ebenfalls eine GTO-Version ab, aber ein eigentlicher Pontiac GTO wurde nie entwickelt. Der 6,4 l-V8 als Hauptbestandteil der GTO-Versionen war nur eines von vielen anderen gegen Aufpreis erhältlichen Zusatzangeboten. Die Typenbezeichnung GTO war oft nicht einmal auf den Bestellscheinen vermerkt. Diese fehlende globale Konzeption bei einem Hochleistungsmodell wie dem GTO gab mit der fortschreitenden Mode der »Muscle Cars« immer öfter Anlaß zur Kritik – aber die Spielregeln schienen mit dem Basis-GTO unverrückbar festgelegt.

Rechts: Pontiac »Tempest« GTO Baujahr 1965. Die erste Version dieser Art war eine Ableitung des Tempest und kein komplettes neues Modell.

Unten: Mit dem GTO 1964 wurde die Mode der »Muscle Cars« eingeführt, die ein charakteristisches Merkmal der legendären 60er Jahre wurde.

If you think Wide-Tracking is just a slogan, you've never been behind the wheel of The Great One.

Slogans don't straighten curves. Or conquer hills with the ease of an Alpine tram. But then, not many cars do, either. Which is why our GTO is so reverently referred to as The Great One. Its ability in the aforementioned situations stems from a standard 400-cubic-inch, 4-barrel V-8. A 3-speed with Hurst shifter. And Fastrak, red-line tires that adhere to the road like glue clings to your fingers.

However, The Great One didn't merit *Motor Trend* magazine's "Car of the Year" accolade merely for its driving prowess. Its polished sheet metal is molded into the shape of tomorrow. And up front, the world's most fantastic bumper. So fantastic, you have to kick it to believe it.

So when you next read that Wide-Tracking in a GTO is great, don't shrug and turn the page. See your Pontiac dealer. Where test drives speak louder than words.

Great American sports also dig Le Mans, Firebird, Catalina, Bonneville and Grand Prix.

Pontiac Motor Division

MARK OF EXCELLENCE

Wide-Track 1968 Pontiacs

We hate to call Wide-Tracking great. But no one has come up with a better word.

If you choose a '68 GTO for the sport of Wide-Tracking, you'll enjoy everything a 400-cubic-inch, 4-barrel V-8 has to offer. And if you're the kind who has the gift of grab, you'll want to order a 4-speed stick shift. You can also order disappearing headlights, hood-mounted tach and our Ram Air engine (that includes functional hood scoops). Just say the word.

Of course, the '68 GTO is more than a great driving experience. As you can see below, it's all new from the exclusive Fastrak redlines up. Its Wide-Track is wider. Our famous disappearing wipers are standard. And up front, the most unusual bumper, since bumpers were invented. This revolutionary super-snout is the same color as the car, but won't chip, fade or corrode.

One more thing. All '68 Pontiacs are equipped with a host of new safety features. Things like front and rear body side marker lights, energy absorbing front and rear armrests and padded front and intermediate seatback tops and lower structure.

Now that we've given you an insight to the greatness of Wide-Tracking, where do you go from here? To your Pontiac dealer's, of course.

You can also enjoy America's fastest growing sport in our other fantastic '68 Pontiacs. Including LeMans, Tempest Custom and Tempest.

Pontiac Motor Division

MARK OF EXCELLENCE

Wide-Track 1968 Pontiacs

Vorhergehende Doppelseite:
Zwei zur Einführung des neuen GTO mit vergrößerter Spurbreite veröffentlichte Werbezeichnungen von 1968. Der GTO besaß einen 6,6 l-V8 mit Vierfachvergaser und einen »Endura«-Kunststoff-Kühlergrill. Im Werbe-Jargon hieß er »Great One«.

Oben, links und rechte Seite:
Der GTO 1966 wurde mit drei Karosserietypen angeboten, zu denen ein Cabriolet mit einem 6,4 l-V8 gehörte, dessen Versionen jeweils 333 und 360 PS leisteten.

Die technische Ausarbeitung des GTO fand anfangs im geheimen statt. General Motors hatte einige bindende Vorschriften bezüglich des Leistungsgewichtes seiner Modelle aufgestellt, über die sich der GTO auf spektakuläre Weise hinwegsetzte. In der ersten Zeit wurde der Prototyp in einer Ecke im Werk versteckt und nur nachts und an den Wochenenden hervorgeholt. Peter Estes unterrichtete die Firmenleitung nicht gleich von dem Experiment. Nach den gültigen Richtlinien war für den Tempest ein Triebwerk von maximal 5,4 l vorgesehen. Der GTO wurde daher dem Pontiac-Verwaltungsrat mit einem 5,35 l-V8 vorgeführt, während man eine 6,4 l-Version gegen Aufpreis anbot.

Aber selbst dieser Kompromiß löste heftige Reaktionen aus. De Lorean erzählte später, daß die Sitzung fast in eine Schlägerei ausgeartet wäre. Einstimmigkeit wurde nur bei den Verkaufsprognosen erzielt: Der GTO hatte keinerlei Zukunft und würde nie Gewinn bringen.

Trotz dieser düsteren Perspektiven mußte eine Entscheidung getroffen werden. Der GTO war schon angekündigt worden und die Vertragshändler gaben bereits ihre Bestellungen auf. Zuerst wollte man sich bei Pontiac mit einer Kleinserie von 5000 Exemplaren begnügen, aber der GTO fand schon im ersten Produktionsjahr 32000 Abnehmer. Noch nie war einem Pontiac ein solch brillanter Start zuteil geworden. Dabei war Jim Wangers der Überzeugung, daß man doppelt soviel GTO verkaufen könnte – eine Prognose, die sich im folgenden Jahr bewahrheitete.

Der GTO war im wesentlichen eine Touren-Limousine mit einem unverhältnismäßig starken Triebwerk, das dem Modell vor allem auf gerader Strecke zu eindrucksvollen Fahrleistungen verhalf. Von außen erkannte man den GTO an seinen künstlichen Hauben-Lufteinlässen und an seinem blau-weiß-roten Typenschild am Kühlergrill, den vorderen Kotflügeln und am Instrumentenbrett. Die Federung war zur Verbesserung der Straßenlage härter ausgelegt worden, ansonsten hatte man den Tempest unverändert gelassen.

Der GTO verdankte seinen Erfolg aber auch einer ungewöhnlich umfangreichen Liste von Zusatzangeboten, mit der die Käufer ein Auto »nach Maß« bekommen konnten. Es gab Extras aller Art, von der Mittelkonsole über die Knüppelschaltung bis zum »Tri-Power«-Einlaßkrümmer mit drei Vergasern. Bei Teillastbetrieb bis zu 3300/min wurden zwei Vergaser außer Betrieb gesetzt, während im oberen Teillastbereich und bei Vollast alle drei Vergaser in Aktion traten und dem Motor ein entsprechendes Gasgemisch zuführten. Mit dieser Ausrüstung erreichte der GTO seine maximale Leistung von 348 PS. Natürlich waren die Puristen schockiert, das durch die Ferrari-Berlinettas berühmt gewordene GTO-Typenzeichen auf

Links: Eine GTO-Version des Tempest mit Coupé-Karosserie von 1969. Die Lufteinlässe auf der Haube sind keine Stilelemente, sondern dienen der Zwangsbelüftung des Vierfachvergasers.

Unten links: Ein Cabriolet 1969 mit Tourenzähler auf der Motorhaube.

Unten: Der GTO 1970 nach einem letzten »Face lifting«, bevor die Mode der »Muscle Cars« zu Ende ging.

Pontiac-Modellen zu sehen. Das amerikanische Automobil-Fachblatt *»car and driver«* stellte sich als einziges auf die Seite Pontiacs und behauptete sogar, daß der GTO aus Detroit dem GTO aus Modena ebenbürtig sei. Ein Vergleichstest wurde organisiert, aber am Tag der Entscheidung fiel einer der acht Zylinder des GTO-Detroit aus. Man ersetzte das Modell durch einen enormen »Catalina«-GTO mit der 6,9 l-Version und stellte fest, daß der Pontiac dem Ferrari beim Beschleunigen überlegen war, aber daß sein Fahrverhalten bei hoher Geschwindigkeit weniger gut war als das seines italienischen Rivalen, und daß er auch beim Kurvenfahren schlechter abschnitt.

Wenn man *»car and driver«* Glauben schenken will, wäre der Pontiac mit einer straffer abgestimmten Federung dem Ferrari überlegen gewesen. Außerdem kostete der amerikanische GTO mit allen Extras einschließlich Bremskraftverstärker, metallischen Bremsbelägen und Querstabilisatoren immer noch 10000 Dollar weniger als der italienische GTO.

Der Pontiac GTO wurde bald ein wahres Kultobjekt. Ein Parfum, Manschettenknöpfe, Schlipse, eine Jacke, Schuhe und sogar speziell für GTO-Fahrer hergestellte Socken wurden nach ihm benannt. Er war in Fernseh-Serien zu sehen und eine Pop-Gruppe, deren Mitglieder alle GTO's fuhren, trug ebenfalls seinen Namen. Einer der Pop-Sänger wurde auf der nach Hollywood führenden Autobahn wegen Geschwindigkeitsüberschreitung (über 200 km/h) angehalten. Der um dieses Ereignis inszenierte Reklamerummel kam der Firma wahrscheinlich nicht ungelegen.

Jedenfalls ist der GTO der Vater der interessanten »Muscle Car«-Mode, mit der Pontiac eine neue Rasse von Automobilen ins Leben rief, die Geschichte und Schule gemacht haben.

CAMARO Z-28

Der phänomenale Erfolg des Ford Mustang traf die übrigen amerikanischen Konstrukteure – die allmächtige General Motors inbegriffen – unvorbereitet. Im Wettstreit zwischen den Großen der Branche hatte Ford nun für einige Zeit die Nase vorn, doch die Reaktion des Rivalen GM ließ nicht lange auf sich warten.

Der Chevrolet-Gegenangriff wurde von der Abteilung »Art and Design« des GM-Konzerns unter der Leitung Bill Mitchells geführt und nahm im 1966 für die nächste Saison eingeführten Chevrolet »Camaro« Form an. Man hatte dabei die vom Mustang lancierte Stilrichtung »Pony-Car« mit niedrigem Dachaufbau, großer Bodenfreiheit, langer Haube, kurzer Heckpartie, senkrecht abfallender Front und Stummelheck gewählt. Allerdings stand außer Zweifel, daß die Erscheinung des Chevrolet mehr Klasse und Charakter hatte, als die des Ford Mustang.

Die Firma Chevrolet verfügte über ein anderes überzeugendes Werbeargument: eine scheinbar endlose Liste von Sonderangeboten, die eines der Hauptmerkmale der Pony Cars wurden. 81 verschiedene gegen Aufpreis erhältliche Extras wurden auf Wunsch vom Werk montiert, was zusammen mit den 41 vom Händler gelieferten Ausstattungsteilen ein genau Geschmack und Geldbeutel des Kunden angepaßtes Fahrzeug abgab. Kein anderes Serienmodell jener Epoche konnte soviele Varianten vorweisen wie der Camaro. Das Basismodell wurde mit einem auf Wunsch erhältlichen 140 oder 155 PS starken Sechszylinder-Reihenmotor angeboten. Es gab auch zwei verschiedene V8-Versionen, die einen Hubraum von 5,36 und 5,75 l besaßen. Bei der letzteren Version handelte es sich um einen neuen Motortyp, der zuerst ausschließlich der Camaro-Baureihe vorbehalten war, bis er der V8-Standardmotor der GM-Modelle wurde. Es gab außerdem noch einen dritten V8.

Offiziell hielt sich GM abseits von Wettbewerben jeglicher Art, obwohl dieser dritte V8 für die »Trans-Am«-Rennen wie geschaffen schien. Mit seinem Hubraum von 4,95 Litern gehörte er in die auf 5 Liter begrenzte Homologationsgruppe 2. Da das FIA-(Fédération Internationale Automobile) Reglement zur Zulassung ein Produktionsminimum von 1000 zum Verkauf bestimmter Exemplare vorschrieb, war es nicht weiter verwunderlich, daß die Chevrolet-Händler ihren Kunden diesen V8 anboten. Er war das Kernstück einer Baugruppe, die unter der Bezeichnung Z-28 zur leistungsstärksten Version des Camaro führte – bis 1985 der IROC-Z erschien.

Der Motortyp Z-28 wurde anfangs nur in einer kleinen Serie gebaut; hierzu einige Zahlen: 1967 besaßen von den 220917 im Laufe des Jahres verkauften Camaro nur 162109 Exemplare einen

Rechts und unten: Ein 1969 eingeführter Camaro Z-28. Die Bezeichnung Z-28 bezog sich anfangs nur auf den gegen Aufpreis angebotenen 5 l-Hochleistungs-V8 und das dazugehörige Tuning-Paket. Später machte Chevrolet einen Modellnamen daraus.

RADIAL T/A
BFGOODRICH

2H624
TRISTATE Z28 CLUB
Radial T/A
BFGoodrich

10 Jahre liegen zwischen diesem Z-28 von 1971 (blaue Lackierung), einem echten, auf das Wesentliche beschränkten »Muscle Car«, und dem 1981er Modell (rote Farbe) in überladenem Stil. Man beachte die überarbeitete Front und die breite Heckleuchten-Einheit. Die wesentlichen Unterschiede befinden sich jedoch unter der Haube.

Oben: Die Front einer 1970er Version des Z-28. Die phantasievolle Dekoration ist typisch für die »Muscle Cars«.

Links: Der 1982 eingeführte Camaro Z-28 mit einer neu entworfenen Karosserie.

Rechte Seite: 1984 fiel der Z-28 dem unerbittlichen Gesetz des Fortschritts zum Opfer. An seine Stelle trat der IROC-Z als Spitzenmodell der Camaro-Baureihe.

V8, und nur 602 unter ihnen besaßen das Z-28-Triebwerk. Diese Bezeichnung stand nicht für ein bestimmtes technisches Merkmal, sondern entsprach schlicht der auf den Auftragsformularen der Chevrolet-Händler verwendeten Bestellnummer des 4,95 l-V8 mit allen dazugehörenden Bauteilen. Später bediente sich die Firma dieser Bezeichnung wegen des damit verbundenen emotionalen Gehalts und nannte auch die »zivileren« Camaro-Versionen Z-28.

Das 1967er Basismodell hatte nichts Revolutionäres – selbst in seiner leistungsstärksten Version konnte der Sechszylinder mit seinen 155 PS den Camaro nur im 165 km/h-Tempo vorwärtsbewegen. Die 400 m mit stehendem Start wurden in 18,5 sec mit einer Endgeschwindigkeit von 130 km/h zurückgelegt. Die sportliche »SS« genannte Variante des Camaro mit ihrem 5,75 l-V8 erreichte die 200 km/h-Grenze und für die 400 m – mit stehendem Start – benötigte sie nur 15,8 sec und registrierte dabei 142 km/h.

Der meist »302« (nach seinem in cu in oder Kubikzoll angegebenen Hubraum) genannte 4,95 l-V8 war dagegen ein echter Wettbewerbsmotor, was in Anbetracht der Tatsache, daß sein Schöpfer, Ingenieur Vincent Piggins, über eine langjährige Rennerfahrung verfügte, kein Wunder war. Piggins war auch der Initiator des Projekts und sein Triebwerk hatte dem Z-28 zu seinem Ruf verholfen. Der 4,95 l-V8 besaß den gleichen Motorblock wie der 5,4 l-Typ, mit einer geschmiedeten Kurbelwelle, einer die Ventilöffnungszeiten verlängernden Nockenwelle und einem enormen »Holley«-Vierfachvergaser. Ein selbstsperrendes Differential, eine modifizierte Federung, ein Bremskraftverstärker, verstärkte Scheibenbremsen vorne und Metallbeläge für die hinteren Bremsen verbesserten Fahrwerk und Fahrleistungen. Abgestimmte Auspuffrohre und zahlreiche sonstige Sonderausstattungen wurden von den Chevrolet-Händlern angeboten. Dazu gehörten auch zwei verschiedene Nockenwellen, von denen eine für den Rennbetrieb bestimmt war. Für den Straßengebrauch war sie so gut wie ungeeignet, weil bei ihrem Einbau in den Typ 302 eine brauchbare Vortriebskraft erst oberhalb von 4000/min einsetzte. Aber ein sorgfältig präparierter 302 registrierte auch ohne diese Renn-Nockenwelle 400 PS auf dem Prüfstand. Ein eng gestuftes »Muncie«-Getriebe sorgte für eine optimale Ausnutzung dieser Leistung.

Das Werk kündigte eine Leistung von 290 PS bei 5800/min an. Nach einem Testbericht der Fachzeitschrift *»road and track«* zu urteilen, lag das ideale Drehzahlniveau für den Gangwechsel eher bei 7000/min! Jedenfalls drehte der Motor problemlos bis 7500/min – allerdings hätte das die Kupplung überfordert. Es ist anzunehmen, daß Chevrolet mit den angekündigten Werten von 290 PS bei 5800/min wissentlich nur die halbe Wahrheit sagte, denn die reelle Höchstleistung lag eher bei 350 PS und 6200/min. *»road and track«* schrieb zusammenfassend: »Der Z-28 ist weder geräuscharm noch elastisch im Fahrbetrieb, sondern einfach *schnell.* Seine Spitzengeschwindigkeit liegt bei 225 km/h und für die 400 m mit stehendem Start wurden nur 14 sec benötigt. Fazit: Chevrolet hat eine für das ›Trans-Am‹-Rennen geeignete Serienlimousine gebaut.«

Der Z-28 brauchte nicht lange, um dem Mustang den Rang abzulaufen. Bei den 12 Stunden von Sebring belegten zwei Chevrolets dieses Typs die ersten beiden Plätze in ihrer Kategorie. 1968 und 1969 wurde er mit 18 von 25 Siegen im Trans-Am-Wettbewerb Erster seiner Hubraumklasse. Erst nachdem die Rennoffensive geglückt war, ging die Firma zur geschäftlichen Offensive über. Die 7199 im Jahr 1968 verkauften 302 bewiesen, daß Rennerfolge mehr einbringen als die beste Werbekampagne.

1969 stieg die Nachfrage weiter an: 19000 Exemplare fanden Abnehmer, obwohl das meiste Rennzubehör nur auf Wunsch von den Händlern montiert wurde und es daher nur relativ wenige frisierte Z-28-Versionen gab.

Die von den 302-Camaro-Basismodellen erzielten, ausgezeichneten Meßwerte sind besonders aufschlußreich, wenn man sie mit denen hubraumgrößerer Rivalen vergleicht. Ein kalifornischer Chevrolet-Vertragshändler namens Dana vertrieb einen Camaro mit dem 425 PS-V8 der Corvette. Dieses Ungetüm erreichte eine Spitzengeschwindigkeit von 210 km/h und beschleunigte in 14 sec von 0 auf 160 km/h – Werte, die nur wenig über denen des Z-28 lagen und die mit einem unberechenbaren Fahrverhalten erkauft wurden. Der Gewichtsanstieg im vorderen Teil führte zu einem deutlichen Untersteuereffekt, dem selbst die verstärkte und straffere Federung der SS-Version nicht beikommen konnte.

Mit der Politik des Rennverzichts wurde die große Mehrzahl der Chevrolet-Sonderausstattungen der Öffentlichkeit zugänglich. Nach der Chevrolet-Firmenphilosophie mußte nämlich alles, was hergestellt wurde, auch geschäftlich etwas einbringen. Ford, der das »Total Performance«-Tuning-Programm entwickelt hatte, bot seinen Durchschnittskunden nur ganz wenig leistungssteigerndes Zubehör an. Wer unter den Chevrolet-Kunden dagegen einen gewöhnlichen Serien-Camaro 302 in einen Rennwagen verwandeln wollte, brauchte sich nur an den nächsten Markenhändler zu wenden. Um das gleiche mit einem Mustang zu erreichen, bedurfte es eines Mannes wie Carol Shelby.

1985 wurde der Z-28 als Spitzenmodell der Camaro-Baureihe vom IROC-Z abgelöst, aber der eine wie der andere sind nur ein schwacher Abglanz des ersten, echten und unvergleichlichen Original-Z-28 von 1967.

MUSTANG

1945 + 18 = 1963. Diese einfache Addition war der Ursprung eines der größten Geschäftserfolge der Nachkriegszeit, während alle der Einführung des Ford-Edsel vorausgegangenen Erhebungen, Meinungsumfragen und Marktforschungen nur zu einem eklatanten Mißerfolg geführt hatten.

Lee Iacocca war 1960 Präsident der Ford Motor Company geworden. Eines Tages stellte er eine einfache Rechnung an, wobei er von der Überlegung ausging, daß die Kinder des »Baby Boom« (Geburtenanstieg nach Kriegsende) Anfang der 60er Jahre alt genug waren, um Auto zu fahren. Dabei fiel ihm auf, daß weder Ford noch ein anderer Konstrukteur in ihren Modellprogrammen an die Jugend gedacht hatte. Das Protestgeschrei, das sich beim Verschwinden des originellen zweisitzigen Thunderbird erhoben hatte, war ihm in Erinnerung geblieben – und die phantastische Corvette kostete stolze 4000 Dollar. Auch der unerwartete Erfolg des sportlichen Corvair »Monza« von Chevrolet war ihm nicht entgangen. Aus alledem schloß Iacocca, daß ein preiswerter moderner Sportwagen die größten Erfolgschancen haben müsse. Er setzte 2500 Dollar als obere Preisgrenze fest und faßte eine Jahresproduktion von 100000 Exemplaren ins Auge.

Der erste Prototyp entstand 1961. Es war ein kleiner offener Zweisitzer, dessen moderne Linienführung in »Keilform«, seine GFK-Karosserie und sein Mittelmotor (der des Ford Taunus V4) auch heute noch nicht veraltet wirken. Trotzdem entsprach er nicht den Vorstellungen Iacoccas – er war zu kompliziert im Aufbau und daher zu teuer für eine Großserienfabrikation. Verschiedene andere Versuchs-Prototypen wurden verworfen, bevor Iacocca das fand, was er gesucht hatte: ein viersitziges Coupé von klassischer Konzeption, das später unter dem Namen Mustang II ausgestellt wurde und dem Serienmodell bereits sehr ähnlich sah.

Die endgültige Version wurde im April 1964 vorgeführt. Sie besaß ein Fahrwerk mit einem Radstand von 2,75 m und wurde mit zwei Motorvarianten angeboten – dem Sechszylinder des »Falcon« oder dem 4,3 l-V8. Ihr Karosserieentwurf war eine Koproduktion der Werksstilisten David Ash, Joe Oros und Gayle Halderman. Obwohl ohne jegliche Originalität, »stimmten« die Proportionen im Erscheinungsbild des neuen Ford, der den Namen Mustang erhielt und Stammvater einer nach seinem Markenschild »Pony Cars« genannten Sportwagengeneration wurde. Das größte Verdienst des Mustang war schlicht die Tatsache, der erste seiner Art gewesen zu sein. Zahlreiche Modelle entstanden nach seinem Vorbild, manche besser, manche weniger gelungen, aber niemand machte ihm seine Rolle als Ahnherr einer Modellgeneration streitig. Das Erscheinen des neuen Ford traf die gesamte amerikanische Automobilindustrie unvorbereitet. Da er als erster speziell für den neuen großen Käuferkreis der nach Kriegsende geborenen Jugendlichen konzipiert worden war, bereitete man ihm gleich bei seinem Erscheinen einen begeisterten Empfang. Der Mustang wurde in drei Versionen angeboten: Als Coupé mit Hardtop (auch falsches Cabriolet genannt), als

Oben: Das Symbol der Marke: Ein dem Sieg entgegen galoppierender Mustang.

Rechts: Ein Mustang Baujahr 1966 bei Werbeaufnahmen im Studio.

Unten: Dieses Cabriolet aus dem gleichen Jahr lag damals in der Publikumsgunst an letzter Stelle. Heute ist es das gesuchteste Modell der Baureihe.

BUY
Cigarettes
HERE
79¢
PER PACK
$7.49
PER CARTON
OHIO
HBT-293
DEFIANCE

Links: Das Fastback-Coupé von 1967, die zweite der drei Mustang-Versionen, nahm im Hinblick auf die Nachfrage den Platz zwischen dem Cabriolet und dem Hardtop-Coupé als der beliebtesten Karosserievariante ein.

Ganz links unten: Ein Fastback-Coupé »Mach 1« von 1969.

Unten Mitte und rechts: Blick auf den Fahrersitz und den Motor eines Coupés von 1970, das letzte Produktionsjahr der »Muscle Cars«.

Fastback-Coupé mit Schrägheck wie die Rennberlinettas und schließlich als »echtes« Cabriolet. Lange Jahre hindurch blieben die drei Karosserietypen unverändert. Noch vor der offiziellen Einführung des Modells ergriff Iacocca die gewagt scheinende Initiative, alles für eine Serienproduktion von 240000 anstelle der ursprünglich vorgesehenen 100000 Exemplare jährlich vorzubereiten. In Wirklichkeit brach der Mustang alle bisher erzielten Verkaufsrekorde mit einer Gesamtproduktion von 680000 zwischen April und Dezember 1964 verkauften Exemplaren. Im September des gleichen Jahres wurde der V8 auf 4,7 l aufgebohrt und entwickelte in verschiedenen Varianten Leistungen von 200, 225 oder 271 PS. Aber das war nur der Anfang des Leistungs-Wettlaufs.

Einer der Erfolgsfaktoren des Mustang lag in den kleinen Kästchen, in denen die Händler auf ihren Bestellscheinen die Extrawünsche ihrer Kunden ankreuzten. Unter den zahlreichen Angeboten konnten die Käufer einen banalen Tourenwagen oder die aggressivste Rennmaschine bestellen, je nachdem sie sich für ein mechanisches Drei- oder Vierganggetriebe, eine mehr oder weniger hart abgestimmte Federung, Scheibenbremsen, Lenkhilfe, Drehzahlmesser, Schalensitze oder eine Sitzbank etc. entschieden – ohne dabei die im Katalog angebotenen dekorativen Elemente wie Dekor-Sets, Renn-Aufkleber und Zierleisten zu vergessen. Für das Cabriolet bestand während der ersten Jahre eine große Nachfrage – 100000 Exemplare im Jahr 1965 – die 1970 auf 7000 zurückging. Auch das Fastback-Coupé hatte 1965 mit 77000 verkauften Einheiten einen guten Start, aber mit 500000 Exemplaren ging der Löwenanteil der Produktion an das Hardtop-Coupé.

Im zweiten Produktionsjahr, in dem der Mustang noch immer keinen wirklichen Rivalen hatte, blieben diese Proportionen konstant. Mit insgesamt 607568 verkauften Einheiten machte sich zwar ein leichter Rückgang bemerkbar, aber der neue Ford war immer noch ein Verkaufsschlager. Das Hardtop-Coupé lag mit 499751 Einheiten wieder weit vorne, das Cabriolet folgte in weitem Abstand

Links: Das 1973 eingeführte Coupé »Sportsroof« war in Wirklichkeit zahmer, als seine Erscheinung vermuten läßt.

Unten: Das Cabriolet hatte 1973 noch seine überzeugten Anhänger, war aber weniger gefragt als das Coupé.

Rechte Seite: Ein »Sportsroof«-Coupé von 1973 mit einem 5,75 l-V8.

mit 72119 verkauften Exemplaren, und das Fastback-Coupé bildete mit einer Gesamtproduktion von »nur« 35698 Exemplaren die Nachhut. Ein Jahr später war der Mustang nicht mehr der einzige in seiner Kategorie – die anderen Konstrukteure waren wach geworden – vor allem GM hatte seinen Chevrolet Camaro und den Pontiac Firebird in den Kampf geschickt.

1967 liefen nur 472121 Mustang vom Band. Die GM-Rivalen Camaro und Firebird konnten sich mit 303475 Einheiten einen großen Marktanteil sichern, wobei der Camaro mit der Proportion von 6:4 vor dem Firebird lag. Sogar im eigenen Hause gab es in der Ford-Modellreihe jetzt einen Rivalen für den Mustang: Der teurere und luxuriösere Mercury »Cougar« fand 1967 insgesamt 150000 Abnehmer. 1968 startete die Mustang-Gegenoffensive mit zwei stärkeren V8-Motoren von jeweils 6,4 und 7 l, die eine Leistung von 335 und 390 PS entwickelten. Damit besaßen sie zwar nicht den aggressiv-sportlichen Charakter der Shelby-Modelle, aber es waren starke, solide Maschinen mit guten Fahrleistungen.

Das Erscheinen des längeren, breiteren und schwereren »Mach 1« ein Jahr später, d.h. 1969, war richtungweisend für die weitere Entwicklung des Mustang. Gleichzeitig bot Ford einen neuen V8 mit 5,75 l Hubraum in zwei Versionen an, die jeweils 250 und 290 PS entwickelten. Einige Monate später wurde die Leistung der hubraumgrößten Motoren der V8-Baureihe (6,4 und 7 l) auf 320 und 335 PS reduziert. Das Jahr 1970 stand unter dem Zeichen eines neuen Mustang, »Boss« genannt, der als Hochleistungsmodell den Platz an der Spitze der Baureihe einnahm. Da Carroll Shelby nicht mehr für Ford arbeitete, ward dem Boss die Ehre zuteil, dem V8-Meisterwerk »Cobra-Jet NASCAR« als Träger zu dienen, dessen 375 SAE-PS etwa dem Leistungsniveau des 7 l-V8 von 1968 entsprachen. Er lag an der Spitze der 7 Varianten zählenden Motoren-Palette, die 1970 für den Mustang angeboten wurde. Am anderen Ende befand sich noch immer der 115 PS-Reihen-Sechszylinder.

Damals hatten die »Muscle Cars« nur noch ein Jahr zu leben. Ende 1970 kündigte Ford seinen Startverzicht in den NASCAR-, Trans-Am- und USAC-Rennen an. Die immer strengeren gesetzlichen Vorschriften für Serienfahrzeuge in den USA wirkten sich stark restriktiv aus, und kurz darauf ereilte den Mustang das gleiche Schicksal wie zuvor den Thunderbird.

SHELBY

Als eine Herzschwäche Carroll Shelby zwang, seine erfolgreiche Karriere als Rennfahrer aufzugeben, beschloß er, Automobilhersteller zu werden. Er kam auf die Idee, die Vorzüge der Automobile beider Kontinente zu vereinen, und zu diesem Zweck einen leistungsstarken amerikanischen V8 in ein leichtes, wendiges europäisches Modell einzubauen. Für Karosserie und Fahrwerk suchte er sich einen englischen AC aus, einen Sportzweisitzer von unkomplizierter Bauweise mit einer langen Motorhaube, einem winzigen Cockpit und einem kurzen, gedrungenen Heck.

Auf der Suche nach einem Motor wandte sich Shelby zuerst an den GM-Konzern, der seinen Vorschlag unter dem Vorwand ablehnte, daß sein Projekt bereits mit der eigenen Corvette verwirklicht worden sei. Darauf versuchte Shelby sein Glück bei Ford, wo er gerade recht zu kommen schien. Die Firma aus Detroit suchte nämlich jemanden, der fähig war, einen Rivalen für die Corvette zu bauen, während ihr eigener Mustang sich bereits in der Entwicklungsphase befand. Der Prototyp für den »Cobra« entstand in Kalifornien, in der Werkstatt, die Shelby mit Dean Moon teilte. Als Motor hatte Shelby den neuen 3,6 l-V8 von Ford gewählt. Dieser Prototyp war – jedesmal andersfarbig lackiert – auf der Titelseite verschiedener Motorsport-Revuen zu sehen. Die Fachjournalisten schrieben begeisterte Testberichte und die Kunden standen Schlange, um ein Auto zu kaufen, das bereits als Großserienmodell zur Verfügung zu stehen schien.

Genau das war aber nicht der Fall. Jedes Exemplar wurde einzeln nach handwerklichen Methoden angefertigt, ein Umstand, der bei Ford weder richtig begriffen noch genutzt wurde.

Noch im Laufe der Entwicklungsarbeiten wurden konstruktive Verbesserungen immer sogleich realisiert, so daß kein Exemplar dem anderen wirklich glich. Die Eigentümer brachten oft selbst ihr Auto zurück, um es auf den neuesten Stand des technischen Fortschritts zu bringen und in den Genuß der in der Zwischenzeit durchgeführten Verbesserungen zu kommen. So hatten die ersten 75 Cobra den neuesten, auf 4,26 l aufgebohrten V8 von Ford erhalten, und als die Firma eine 4,7 l-Version herausbrachte, stattete Shelby damit unverzüglich die gerade in Entwicklung befindlichen Cobra aus. Zahlreiche Besitzer der ersten Versionen ließen ebenfalls ihren Motor auswechseln.

Oben: Der Motor des Mustang Shelby GT 350 mit einem Hubraum von 4,7 Litern und einer Leistung von 300 SAE-PS.

Links: Der Cobra 289 – ein nur theoretisch für zivilen Fahrbetrieb geeigneter Rennwagen.

Rechts: Ein Mustang GT 350 mit einer »Rennstreifen«-Lackierung.

TKX
484E

Links: Der Motor des 1968 eingeführten Mustang GT 350.

Rechts: Die Cobra in Angriffsstellung – eine Warnung für Unbefugte.

Außen rechts: Blick in das Cockpit eines Mustang GT 350 von 1968.

Unten: Der Mustang GT 500 KR (King of the Road) wurde nur im Jahr 1968 gebaut. Von der Cabriolet-Variante entstanden 313 Exemplare.

Im Oktober 1962 startete der Cobra auf der Piste von Riverside zu seinem ersten Rennen. Sein Pilot, Billy Krause, lag zwei Kilometer vor dem restlichen Feld, als ein Achsschenkelbruch seine Siegeschancen zunichte machte. Eine bedauerliche Niederlage, aber ermutigend zugleich, weil der Cobra seine Fähigkeiten bewiesen hatte. Tatsächlich erfüllte er alle in ihn gesetzten Erwartungen, als er während der nächsten drei Jahre in den meisten Rennsportarten seine Überlegenheit bewies.

1965 konnte der Cobra für Shelby, Ford und die USA seinen ersten Sieg in der Marken-Weltmeisterschaft verbuchen. Der Traum Shelbys, Ferrari »hinwegzufegen«, hatte sich damit verwirklicht. Die Cobra hatten in Daytona, Sebring, Oulton Park, am Nürburgring, Rossfeld, in Reims und vor allem in Monza gesiegt. Die einzige Enttäuschung war Le Mans gewesen, wo sie sich von den Ferrari distanzieren ließen. Wahrscheinlich hätten die Cobra in der Sarthe doch noch siegen können, wenn sie mit dem neuen 7 l-V8 gestartet wären. Aber abgesehen von den mit einem Motor dieses Kalibers (400 km/h) zwangsläufig auftretenden Problemen konnte sich Shelby keine Rivalität mit dem neuen Ford GT 40 leisten, der zu diesem Zeitpunkt gerade – mit mittelmäßigem Erfolg – auf internationaler Ebene debütierte. Auch diesem würde Motorenmagier Shelby bald eine tüchtige Dosis »Schlangengift« eingeben, das ihn in die Lage versetzen würde, über seine Gegner zu triumphieren.

Der Cobra machte sich auch in den typisch amerikanischen Beschleunigungs-Wettbewerben einen Namen. Er zeigte sich dort so unschlagbar, daß die Rennbestimmungen geändert werden mußten, um ihn auszuschalten. Auch unter Privatfahrern machten die Cobra auf allen amerikanischen Rennstrecken ihren Gegnern schwer zu schaffen. Der Privatfahrer Craig Breedlove setzte im November 1965 einen Cobra auf dem Salzsee von Bonneville zu Rekordversuchen ein und stellte dabei 23 neue nationale und internationale Rekorde auf. Abseits vom Rennbetrieb bereitete Shelby »explosive Cocktails« auch für Tourenwagen. Seit 1964 pries Ford in seinen Werbeschriften das »Cobra Tonic«, das Wunderelixir Dr. Shelbys für die Fairlane, Falcon und Galaxie, das ihnen in zehn Varianten bis zu 342 Pferdestärken verlieh! Natürlich gab es auch Straßenversionen des Cobra, Fahrzeuge, die seither unbestrittene Musterbeispiele für alle Sportwagen sind, Wertmaßstäbe, auf die man immer wieder zurückgreift. Selbst wenn Vergleiche oft müßig sind, kann man sagen, daß seit dem Erscheinen des Cobra kein Auto gebaut wurde, das es mit ihm aufnehmen könnte.

Wir danken:

Henry Austin Clark Jr: pages 4-5, 8, 13 (top), 16-17, 18 (bottom right), 20-1, 21, 24-5, 34, 39, 52 (top), 70-1, 90, 91 (top), 94-5, 118-19.
Ford Motor Co: pages 7 (right), 11 (bottom), 54 (top), 73, 75, 111 (top right), 112-13 (top).
David Gooley: pages 18-19, 62, 63 (bottom), 74-5, 76-7.
GM/Buick Motor Division: pages 48-9.
GM/Chevrolet Motor Division: pages 66 (both), 108 (bottom).
GM/Pontiac Motor Division: pages 96-7 (both), 98, 99, 100 (both), 102-3 (all 3).
Willaim F Harrah Automobile Museum: pages 7 (top), 14 (both), 19, 36 (top), 42-3
Haymarket/Classic and Sportscar: pages 46 (top and middle), 54 (top left), 106 (top), 107 (top left and right), 116 (top and bottom right), 117.
Mike Key: pages 40, 40-1, 60 (both), 61.
Ludvigsen Associates Ltd: page 65 (top left and bottom).
National Motor Museum, Beaulieu: pages 1, 2-3, 8 (bottom), 9, 12, 13 (bottom), 15, 22-3, 26-7, 27 (top), 28 (top), 29 (top), 30, 31 (bottom), 32-3, 35 (top), 36-7, 37, 46 (bottom), 50-1, 64-5, 72, 77 (right), 78-9, 79, 82-3, 83, 116 (bottom left).
Richard Nichols: page 89 (all 3).
J-R Piccard/EDITA: page 49 (bottom).
Road and Track: pages 27 (center right), 65 (top right), 108 (top).
Peter Roberts: page 88.
Richard Spiegelman: pages 58, 59 (both), 85 (bottom), 86-7, 87 (both).
TPS/Colour Library International: pages 6-7, 10, 11 (top), 16 (bottom left), 56-7, 57 (both), 63 (top), 78, 92 (bottom), 93, 94 (top), 104-5 (both), 110-11.
Nicky Wright: pages 23 (bottom), 28 (bottom), 29 (bottom), 31 (top), 32 (top and bottom), 35 (bottom), 36 (bottom), 38-9, 44-5 (all 3), 47, 52 (bottom), 52-3, 54 (right middle and bottom), 55, 67, 68-9 (all 3), 71 (both), 72-3, 77 (left), 80-1 (all 3), 84-5, 91 (bottom), 92 (top), 101, 106-7, 109, 111 (top left), 112 (bottom left), 112-13, 113, 114 (both), 115, 118 (top), 119 (top left and right), 120-1 (both), 122-3 (all 3), 124 (both), 125 (both).